中华文化风采录

历来古景风采

浩大的水利

陈 璞 编著

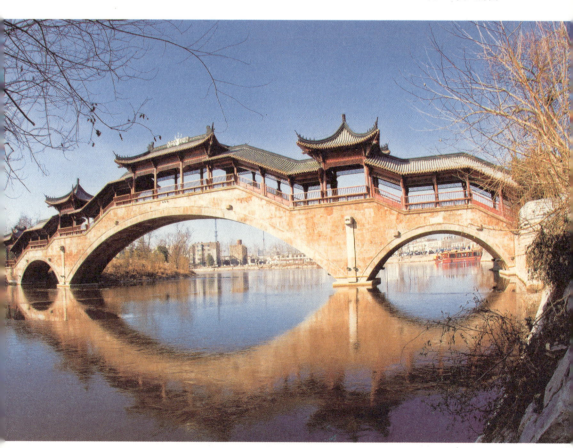

北方妇女儿童出版社

·长春·

图书在版编目(CIP)数据

浩大的水利 / 陈璞编著. —长春 : 北方妇女儿
童出版社，2017.1（2022.8重印）
（历来古景风采）
ISBN 978-7-5585-0661-1

Ⅰ．①浩… Ⅱ．①陈… Ⅲ．①水利工程－名胜古迹
－中国 Ⅳ．①K928.79

中国版本图书馆CIP数据核字(2016)第311439号

浩大的水利
HAODA DE SHUILI

出 版 人　师晓晖
责任编辑　吴　桐
开　　本　700mm×1000mm　1/16
印　　张　6
字　　数　85千字
版　　次　2017年1月第1版
印　　次　2022年8月第3次印刷
印　　刷　永清县晔盛亚胶印有限公司
出　　版　北方妇女儿童出版社
发　　行　北方妇女儿童出版社
地　　址　长春市福祉大路5788号
电　　话　总编办：0431-81629600

定　　价　36.00元

习近平总书记说："提高国家文化软实力，要努力展示中华文化独特魅力。在5000多年文明发展进程中，中华民族创造了博大精深的灿烂文化，要使中华民族最基本的文化基因与当代文化相适应、与现代社会相协调，以人们喜闻乐见、具有广泛参与性的方式推广开来，把跨越时空、超越国度、富有永恒魅力、具有当代价值的文化精神弘扬起来，把继承传统优秀文化又弘扬时代精神、立足本国又面向世界的当代中国文化创新成果传播出去。"

为此，党和政府十分重视优秀的先进的文化建设，特别是随着经济的腾飞，提出了中华文化伟大复兴的号召。当然，要实现中华文化伟大复兴，首先要站在传统文化前沿，薪火相传，一脉相承，弘扬和发展5000多年来优秀的、光明的、先进的、科学的、文明的和自豪的文化，融合古今中外一切文化精华，构建具有中国特色的现代民族文化，向世界和未来展示中华民族具有独特魅力的文化风采。

中华文化就是中华民族及其祖先所创造的、为中华民族世世代代所继承发展的、具有鲜明民族特色而内涵博大精深的优良传统文化，历史十分悠久，流传非常广泛，在世界上拥有巨大的影响力，是世界上唯一绵延不绝而从没中断的古老文化，并始终充满了生机与活力。

浩浩历史长河，熊熊文明薪火，中华文化源远流长，滚滚黄河、滔滔长江是最直接的源头，这两大文化浪涛经过千百年冲刷洗礼和不断交流、融合以及沉淀，最终形成了求同存异、兼收并蓄的辉煌灿烂的中华文明。

中华文化曾是东方文化的摇篮，也是推动整个世界始终发展的动力。早在500年前，中华文化催生了欧洲文艺复兴运动和地理大发现。在200年前，中华文化推动了欧洲启蒙运动和现代思想。中国四大发明先后传到西方，对于促进西方工业社会形成和发展曾起到了重要作用。中国文化最具博大性和包容性，所以世界各国都已经掀起中国文化热。

中华文化的力量，已经深深熔铸到我们的生命力、创造力和凝聚力中，是我们民族的基因。中华民族的精神，也已深深根植于绵延数千年的优秀文化传统之中，是我们的精神家园。但是，当我们为中华文化而自豪时，也要正视其在近代衰微的历史。相对于5000年的灿烂文化来说，这仅仅是短暂的低潮，是喷薄前的力量积聚。

中国文化博大精深，是中华各族人民5000多年来创造、传承下来的物质文明和精神文明的总和，其内容包罗万象，浩若星汉，具有很强的文化纵深感，蕴含丰富的宝藏。传承和弘扬优秀民族文化传统，保护民族文化遗产，已经受到社会各界重视。这不但对中华民族复兴大业具有深远意义，而且对人类文化多样性保护也有重要贡献。

特别是我国经过伟大的改革开放，已经开始崛起与复兴。但文化是立国之根，大国崛起最终体现在文化的繁荣发展上。特别是当今我国走大国和平崛起之路的过程，必然也是我国文化实现伟大复兴的过程。随着中国文化的软实力增强，能够有力加快我们融入世界的步伐，推动我们为人类进步做出更大贡献。

为此，在有关部门和专家指导下，我们搜集、整理了大量古今资料和最新研究成果，特别编撰了本套图书。主要包括传统建筑艺术、千秋圣殿奇观、历来古景风采、古老历史遗产、昔日瑰宝工艺、绝美自然风景、丰富民俗文化、美好生活品质、国粹书画魅力、浩瀚经典宝库等，充分显示了中华民族厚重的文化底蕴和强大的民族凝聚力，具有极强的系统性、广博性和规模性。

本套图书全景展现，包罗万象；故事讲述，语言通俗；图文并茂，形象直观；古风古雅，格调温馨，具有很强的可读性、欣赏性和知识性，能够让广大读者全面触摸和感受中国文化的内涵与魅力，增强民族自尊心和文化自豪感，并能很好地继承和弘扬中国文化，创造未来中国特色的先进民族文化，引领中华民族走向伟大复兴，在未来世界的舞台上，在中华复兴的绚丽之梦里，展现出龙飞凤舞的独特魅力。

中国威尼斯——京杭大运河

世界水利奇观——关中郑国渠

水利文化鼻祖——四川都江堰

京杭大运河

京杭大运河全长1794千米，是世界上最长的人工运河。京杭大运河，古名"邗沟""运河"，是世界上里程最长、工程最大、最古老的运河，与长城并称为我国古代的两项伟大工程。

大运河南起余杭，北至涿郡，途经浙江、江苏等省及天津、北京，贯通海河、黄河、淮河、长江和钱塘江五大水系。

春秋吴国开凿，隋代大幅度扩修并贯通至都城洛阳而且连涿郡，元代翻修时弃洛阳而取直至北京。自开凿以来已经有2500多年的历史，其部分河段依旧具有通航的功能。

历代开凿的史实缘由

东南吴国的国君夫差为了争霸中原，不断地向北扩张势力，在公元前486年引长江水经瓜洲，北入淮河。这条联系江、淮的运河，从瓜洲至淮安附近的末口，当时称为"邗沟"，长约150千米。

这条运河就是京杭大运河的起源，是大运河最早的一段河道。后

■京杭大运河石桥

来，秦、汉、魏、晋和南北朝又相继延伸了河道。

6世纪末至7世纪初，大体在邗沟的基础上拓宽、裁直，形成大运河的中段，取名"山阳渎"。在长江以南，完成了江南运河，这便是大运河的南段。

实际上，江南运河的雏形已经存在，并且早就用于漕运。

605年，隋炀帝杨广下令开凿一条贯通南北的大运河。这时主要是开凿通济渠和永济渠。

黄河南岸的通济渠工程，是在洛阳附近引黄河的水，行向东南，进入汴水，沟通黄、淮两大河流的水运。通济渠又叫"御河"，是黄河、汴水和淮河三条河流水路沟通的开始。

隋代的都城是长安，所以当时的主要漕运路线是沿江南运河至京口渡长江，再顺山阳渎北上，进而转入通济渠，逆黄河和渭河向上，最后抵达长安。

■ 修筑运河的浮雕

漕运 我国历史上一项重要的经济制度，是利用水道调运粮食的一种专业运输。我国古代历代封建王朝将征自田赋的部分粮食经水路解往京师或其他指定地点，水路不通处辅以陆运，多用车载，故又合称"转漕"或"漕辇"。运送粮食的目的是供宫廷消费、百官俸禄、军饷支付和民食调剂。

■ 京杭大运河沿途风光

尚书右丞 我国古代官名。公元前29年设置尚书，员五人，丞四人，光武帝减二人，始分左右丞。尚书左丞佐尚书令，总领纲纪；右丞佐仆射，掌钱谷等事，秩均四百石。历代沿置，为尚书令及仆射的属官，品级逐渐提高，隋、唐时至正四品。宋、辽、金亦置。金正二品，与参知政事同为执政官，为宰相佐贰。

黄河以北开凿的永济渠，是利用沁水、淇水、卫河等河为水源，引水通航，在天津西北利用芦沟直达涿郡，这项工程是分步实施的。

一是开凿东通黄河的广通渠。隋朝开始修建的一条重要的运河，是从长安东通黄河的广通渠。隋代初期以长安为都。从长安东至黄河，西汉时有两条水道，一条是自然河道渭水；另一条是汉代修建的人工河道漕渠。

渭水流浅沙深，河道弯曲，不便航行。由于东汉迁都洛阳，漕渠失修，早已淹废，隋朝只有从头开始打凿新渠。

581年，隋文帝即命大将郭衍为开漕渠大监，负责改善长安和黄河间的水运。但建成的富民渠仍难满足东粮西运的需要，三年后又不得不进行改建。

这次改建，要求将渠道凿得又深又宽，可以通航"方舟巨舫"，改建工作由杰出的工程专家宇文恺主持。在水工们的努力下，工程进展顺利，当年竣工。

新渠仍以渭水为主要水源，自大兴城，至潼关，长达150余千米，命名为"广通渠"。新渠的航运量大大超过旧渠，除能满足关中用粮外，还有大量富余。

二是整治南通江淮的御河。隋炀帝即位后，政治中心由长安东移到洛阳，这就更加需要改善黄河、淮河和长江间的水上交通，以便南粮北运和加强对东南地区的控制。

605年，隋炀帝命宇文恺负责营建东京洛阳，每月派役丁200万人。同时，又令尚书右丞皇甫议，"发河南淮北诸郡男女百余万，开通济渠"。

此外，还征调淮南民工10多万扩建山阳渎。此次工程规模之大、范围之广，都是前所未有的。

通济渠可分东西两段。西段在东汉阳渠的基础上扩展而成，西起洛阳西面。以洛水及其支流谷水为水源，穿过洛阳城南，至偃师东南，再循洛水入黄河。

东段西起荥阳西北黄河边上的板渚，以黄河水为水源，经开封及

■京杭大运河塘栖风情小镇石碑

杞县、睢县、宁陵、商丘、夏邑、永城等县。再向东南，穿过安徽的宿县、灵璧和泗县，以及江苏的泗洪县，至盱眙县注入淮水，两段全长近1000千米。

山阳渎北起淮水南岸的山阳，径直向南，至江都西南汇入长江。

两条渠都是按照统一的标准开凿的，并且两旁种植柳树，修筑御道，沿途还建有离宫40多座。由于龙舟船体庞大，御河必须凿得很深，否则无法通航。

通济渠与山阳渎的修建与整治是齐头并进的，施工时虽然也充分利用了旧有的渠道和自然河道，但因为它们有统一的宽度和深度，因此，主要还要依靠人工开凿，工程浩大而艰巨。

但是整个开凿却是历时短暂，从3月动工，至8月就全部完成了。工程完成后，隋炀帝立刻从洛阳登上龙舟，带着后妃、王公和百官，乘坐着几千艘舳舻，南巡江都。

三是修建北通涿郡的永济渠。在完成通济渠、山阳渎之后，隋炀帝决定在黄河以北再开一条运河，即永济渠。

浩大的水利

■京杭大运河河边栏杆

京杭大运河永济渠石刻

608年，"诏发河北诸郡男女百余万，开永济渠，引沁水南达于河，北通涿郡"。

永济渠也可分为两段，南段自沁河口向北，经河南的新乡、汲县、滑县、内黄；河北的魏县、大名、馆陶、临西、清河；山东的武城、德州；河北的吴桥、东光、南皮、沧县、青县，抵达天津。

北段自天津折向西北，经天津的武清、河北的安次，到达北京境内的涿郡。南北两段都是当年完成。

永济渠与通济渠一样，也是一条又宽又深的运河，全长900多千米。深度与通济渠相当，因为它也是一条可以通航龙舟的运河。

611年，隋炀帝自江都乘龙舟沿运河北上，率领船队和人马，水陆兼程，最后抵达涿郡。全程2000多千米，仅用了50多天，足见其通航能力之大。

四是疏浚纵贯太湖平原的江南河。太湖平原修建运河的历史非常悠久。春秋时期的吴国，即以都城吴为中心，凿了许多条运河，其中一条向北通向长江，一条向南通向钱塘江。

禹　　生卒年不详。字高密，后世尊称为"大禹"，也称"帝禹"，为夏后氏首领、夏朝第一任君王，是我国传说时代与尧、舜齐名的贤圣帝王，他最卓著的功绩就是历来被传颂的治理滔天洪水，又划定我国国土为九州。

这两条南北走向的人工水道，就是我国最早的江南河。

这条河在秦汉、三国、两晋、南北朝时期进行过多次整治，至隋炀帝时，又下令做进一步疏浚。

《资治通鉴》记载：

> 大业六年冬十二月，敕穿江南河，自京口至余杭，八百余里，广十余丈，使可通龙舟，并置驿宫、草顿，欲东巡会稽。

会稽山在浙江省绍兴东南，相传禹曾大会诸侯于会稽，秦始皇也曾登此山以望东海。隋炀帝好大喜功，大概也要到会稽山，效仿大禹、秦始皇，张扬自己的功德。

■ 京杭大运河浮雕

　　广通渠、通济渠、山阳渎、永济渠和江南河等渠道，可以算作各自独立的运输渠道。但是由于这些渠道都以政治中心长安和洛阳为枢纽，向东南和东北辐射，形成完整的体系。同时，它们的规格又基本一致，都要求可以通航方舟或龙舟，而且互相连接，所以，又是一条大运河。

　　这条从长安和洛阳向东南通至余杭，向东北通至涿郡的大运河，是当时最长的运河。

　　由于它贯穿了钱塘江、长江、淮河、黄河和海河五大水系，对加强国家的统一，促进南北经济文化的交流，都是很有价值的。

　　在以上这些渠道中，通济渠和永济渠是这条南北大运河中最长、最重要的两段，它们以洛阳为起点，成扇形向东南和东北张开。

　　洛阳位于中原大平原的西缘，海拔较高。运河工程充分利用这一东低西高、自然河水自西向东流向的特点，开凿时既可以节省人力和物力，航行时又便于船只顺利通过。特别是这两段运河都能够充分利用丰富的黄河之水，使水源有了保证。

　　这两条如此之长的渠道能这样很好地利用自然条件，证明当时水利科学技术已有很高的水平。

■ 京杭大运河苏州段

武则天（624年～705年），是一位女政治家和诗人，我国历史上唯一正统的女皇帝，也是即位年龄最大、寿命最长的皇帝之一。705年正月，武则天病笃，上尊号"则天大圣皇帝"，后遵武氏遗命改称"则天大圣皇后"，以皇后身份入葬乾陵，716年改谥号为则天皇后，749年加谥则天顺圣皇后。

开凿这两条最长的渠道，前后用了6年的时间。这样就完成了大运河的全部工程。隋代的大运河，史称"南北大运河"，贯穿了河北、河南、江苏和浙江等省。运河水面宽30米至70米，长2700多千米。

唐代的运河建设，主要是维修和完善隋代建立的这一大型运河体系。同时，为了更好地发挥运河的作用，对旧有的漕运制度还做了重要改革。

隋文帝时期穿凿的广通渠，原是长安的主要粮道。当隋炀帝将政治中心由长安东移洛阳后，广通渠失修，逐渐淤废。唐代定都长安，起初因为国用比较节省，东粮西运的数量不大，年约几十万石，渭水尚可勉强承担运粮任务。

后来，京师用粮不断增加，供不应求，皇帝只好率领百官和军队东到洛阳就食。特别是武则天在位期间，几乎全在洛阳处理政务。

于是，在742年启动了重开广通渠的工程。新水道名叫"漕渠"，由韦坚主持。

当时在咸阳附近的渭水河床上修建兴成堰，引渭水为新渠的主要水源。同时，又将源自南山的沣水和浐水也拦入渠中，作为补充水源。

漕渠东至潼关西面的永丰仓与渭水会合，长150多千米。漕渠的航运能力较大，漕渠贯通当年，即"漕山东粟四百万石"。

将山东粟米漕运入关，还必须改善另一水道的航运条件，即解决黄河运道中三门砥柱对粮船的威胁问题。这段河道水势湍急，溯河西进，一船粮食往往要数百人拉纤，而且暗礁四伏，过往船只，触礁失事近乎一半。

为了避开这段艰险的航道，差不多与重开长安、渭口间的漕渠同时，陕郡太守李齐物组织力量，在三门山北侧的岩石上施工，准备凿出一条新的航道，以取代旧的航道。

经过一年左右的努力，虽然凿出了一条名叫"开

■ 漕渠漕运浮雕

浩大的水利

汴水 古水名，一说晋后隋以前指始于河南荥阳汴渠，东循狼汤渠、获水，流至江苏徐州时注入泗水的水运干道。一说唐宋时期人称隋代所开通济渠的东段为汴水、汴渠或汴河。发源于荥阳大周山洛口，经中牟北五里的官渡，从"利泽水门"和"大通水门"流入里城，过陈留、杞县，与泗水、淮河汇集。

■ 京杭大运河拱宸桥

元新河"的水道，但因当地石质坚硬，河床的深度没有达到标准，只能在黄河大水时可以通航，平时不起作用，三门险道的问题远远没有解决。

通济渠和永济渠是隋代兴建的两条最重要的航道。为了发挥这两条运河的作用，唐代对它们也做了一些改造和扩充。

隋代的通济渠，唐代称"汴河"。唐代在汴州东面凿了一条水道，名叫"湛渠"，接通了另一水道白马沟。白马沟下通济水。这样一来，便将济水纳入汴河系统，使齐鲁一带大部分郡县的物资也可以循汴水西运。

唐带对永济渠的改造，主要有以下两项工程：

一是扩展运输量较大的南段，将渠道加宽至60米，浚深至8米，使航道更为通畅；二是在永济渠两侧凿了一批新支渠，如清河郡的张甲河、沧州的无棣

河等，以深入粮区，充分发挥永济渠的作用。

　　对唐朝朝廷来说，大运河的主要作用是运输各地粮帛进京。为了发挥这一功能，唐代后期对漕运制度做了一次重大改革。唐代前期，南方征租调配由当地富户负责，沿江水、沿运河直送洛口，然后政府再由洛口转输入京。

　　这种漕运制度，由于富户多方设法逃避，沿途无必要的保护，再加上每一艘船很难适应江、汴河的不同水情，因此问题很多。如运期长，从扬州至洛口，历时长达9个月。又如事故多、损耗大，每年都有大批的舟船沉没，粮食损失非常严重。

　　安史之乱后，这些问题更为突出。于是，从763年开始，御史刘晏对漕运制度进行改革，用分段运输代替了直接运输。

　　当时规定：江船不入汴河，江船之运至扬州；汴船不入河，汴船之运至河阴；河船不入渭，河船之运至渭口；渭船之运入太仓。承运工作也雇专人承担，

御史　史，是我国古代的一种官名。先秦时期，天子、诸侯、大夫、邑宰皆置，是负责记录的史官和秘书官。国君置御史，自秦朝开始，御史专门为监察性质的官职，一直延续至清代。汉御史因职务不同有侍御史、治书侍御史。北朝魏、齐沿设检校御史，隋改为监察御史。隋又改殿中侍御史为殿内侍御史。唐代有侍御史、殿中侍御史、监察御史。

并组织起来，十船为一纲，沿途派兵护送等。

分段运送，效率大大提高，自扬州至长安40天可达，损耗也大幅度下降。

梁、晋、汉、周、北宋都定都在汴州，称为"汴京"。北宋历时较长，为进一步密切京师与全国各地经济、政治联系，修建了一批向四方辐射的运河，形成新的运河体系。

它以汴河为骨干，包括广济河、金水河和惠民河，合称"汴京四渠"。并通过汴京四渠，向南沟通了淮水、扬楚运河、长江和江南河流等；向北沟通了济水、黄河和卫河。

五代时期，北方政局动荡，频繁更换朝代，在短短的53年中，历经后梁、后唐、后晋、后汉、后周5个朝代，对农业生产影响很大。而南方政局比较稳定，农业生产持续发展。

北宋时期，朝廷对南粮的依赖程度进一步提高。汴河是北宋南粮北运的最主要水道。汴京每年调入的粮食多达600万石左右，其中大部分是取道汴河的南粮。

因此，北宋时期，朝廷特别重视这条水道的维修和治理。例如991年，汴河决口，宋太宗率领百官，一起参加堵口。

■京杭运河之台儿庄大运河段

■ 杨柳青御河

元代定都大都后，要从江浙一带运粮到大都。但隋代的大运河，在海河和淮河中间的一段，是以洛阳为中心向东北和东南伸展的。为了避免绕道洛阳，裁弯取直，元代就修建了济州、会通和通惠等河。

元代开凿运河主要有以下几项重大工程：

一是开凿济州河和会通河。从元代都城大都至东南产粮区，大部分地方都有水道可通，只有大都和通州之间、临清和济州之间没有便捷的水道相通，或者原有的河道被堵塞了，或者原来根本没有河道。因此，南北水道贯通的关键就是在这两个区间修建新的人工河道。

在临清和济州之间的运河，元代分两期修建，先开济州河，再开会通河。济州河南起济州，北至须城，长75千米。人们利用了有利的自然条件，以汶水和泗水为水源，修建闸坝，开凿渠道，以通漕运。

会通河南起须城的安山，接济州河，凿渠向北，经聊城，至临清接卫河，长125千米。它同济州河一样，在河上也建立了许多闸坝。这两段运河凿成后，南方的粮船可以经此取道卫河、白河，到达通州。

二是开凿坝河和通惠河。由于旧有的河道通航能力很小，元代很需要在大都与通州之间修建一条运输能力较大的运河，以便把由海

京杭大运河美景

运、河运集中到通州的粮食转运至大都。于是相继开凿了坝河和通惠河。

首先兴建的坝河，西起大都光熙门，向东至通州城北，接温榆河。光熙门是当时主要的粮仓所在地。

这条水道长约20千米，地势西高东低，差距20米左右，河道的比降较大。为了便于保存河水，利于粮船通航，河道上建有7座闸坝，因而这条运河被称为"坝河"。后来因坝河水源不足，水道不畅，元代又开凿了通惠河。

负责水利的工程技术专家郭守敬先千方百计开辟水源，并引水到积水潭蓄积起来，然后从积水潭向东开凿通航河段，经皇城东侧南流，南至文明门，东至通州接潮白河。这条新的人工河道被忽必烈命名为"通惠河"。

通惠河建成之后，积水潭成了繁华的码头，"舳舻蔽水"，热闹非常。

元代开凿运河的几项重大工程完成后，便形成了京杭大运河，全长1700多千米。京杭大运河利用了隋代的南北大运河不少河段。如果从北京至杭州走运河水道，元代比隋代缩短了900多千米的航程，是最长的人工运河。

大运河建成之后，元大都的粮食、丝绸、茶叶和水果等生活必需品，大部分都是依赖大运河从南方向京城运输。而至明代，建设北京城的砖石木料，也是通过大运河运抵京城，于是民间老百姓就形象地说北京城是随水漂来的。

明代的永乐皇帝称帝后，定都北京。永乐皇帝是一位非常有理想的皇帝，他要营建"史上最伟大"的宫城紫禁城。当时营建紫禁城所需砖石木料只靠北京本地的供给是远远不够的，为此营建紫禁城的砖石木料大量从南方运往京城。

这些砖石木料体量巨大，如果走陆路费时费力，唯有走水路最为快捷省力，因此京杭大运河成了首选。

可是明代通惠河浅涩，不能行船，南方走大运河而来的建筑材料不能直接到达北京城，只能先运到张家湾卸载，储存在张家湾附近，再走陆路转运至北京城里。因此，在张家湾附近依据储存的不同材料而形成各种厂，如皇木厂、木瓜厂、铜厂、砖厂、花板石厂，等等。

随着历史的发展，在这些厂中只有皇木厂、木瓜厂和砖厂形成了居民聚落，最后发展成村落，其中皇木厂是最为有名的。

阅读链接

京杭大运河始凿于春秋战国，历隋代而全线贯成。北起北京，南迄杭州，全长1794千米，历史之久、里程之长，均居普天下的运河之首。

2000余年来，大运河几历兴衰。漕运之便，泽被沿运河两岸，不少城市因之而兴，积淀了深厚独特的历史文化底蕴。

有人将大运河誉为"大地史诗"，它与万里长城交相辉映，在中华大地上烙了一个巨大的"人"字，同为汇聚了中华民族祖先智慧与创造力的伟大结构。

给人启迪的文化内涵

京杭大运河是普天下开凿最早、里程最长的人工运河。

它是古代我国人民创造的伟大水利工程，是我国历史上南粮北运、水利灌溉的黄金水道，是军资调配、商旅往来的经济命脉，是沟通南北、东西文化交融的桥梁，是集中展现历史文化和人文景观的古

京杭大运河苏州段

代文化长廊。

■ 京杭大运河扬州桥梁

大运河承载着上千年的沧桑风雨，见证了沿河两岸城市的发展与变迁，积淀了内容丰富和底蕴深厚的运河文化，是中华民族弥足珍贵的物质和精神财富，是中华文明传承发展的纽带。

大运河文化遗产内涵宏富，概括起来主要包括以下内容：

运河河道以及运河上的船闸、桥梁、堤坝等基础设施；运河沿岸地下遗存的古遗址、古墓葬和历代沉船等；沿岸的衙署、钞关、官仓、会馆和商铺等相关设施；依托运河发展起来的城镇乡村，以及古街、古寺、古塔、古窑、古驿馆等众多历史人文景观；与运河有关联的各种文化遗产。

那么，大运河的这些文化遗产到底有哪些主要的文化内涵呢？

一是城镇的文化内涵。

衙署 我国古代官吏办理公务的处所。《周礼》称"官府"，汉代称"官寺"，唐代以后称"衙署""公署""衙门"。衙署是一个城镇中的主要建筑，大多有规划地集中布置，采用庭院式布局，建筑规模视其等第而定。

■ 京杭大运河扬州
的古建筑

会馆 是明清时期
都市中由同乡或
同业组成的封建
性团体。始设于
明代前期，最早
的会馆是建于永
乐年间的北京芜
湖会馆。嘉靖、
万历时期趋于兴
盛，清代中期最
多。明清时期大
量工商业会馆的
出现，在一定条
件下，对于保护
工商业者自身的
利益起到了一定
的作用。

运河的文明史与运河的城镇发展史关系密切。因
为运河跨越时空数千年，联系着我国南北方广阔地
域，使运河沿线城市和乡村的社会结构、生产关系及
人们的生活习俗、道德信仰无不打上深深的"运
河"烙印，这是运河文明的再现与物化。

山东省济宁的发展与运河休戚相关。元代会通河
打通以后，使济宁"南通江淮，北达京畿"，迅速发
展成为一座经济繁荣的贸易中心。明清时期，济宁为
京杭运河上7个对外商埠之一。

江苏徐州在历史上素有"五省通衢"之称，从汉
代开始就是江淮地区漕粮西运的枢纽。京杭运河建成
后，徐州就成为我国南粮北运与客商往来必经之路。

位于苏北骆马湖之滨的窑湾古镇，是借助京杭运
河发展起来的一个典范。在窑湾古镇上，仍保留着许
多明清时期鳞次栉比的富商宅院和当年商帮气势恢宏

的会馆建筑。

淮安被称为"运河之都"，它的命运随着大运河的兴衰而变化。公元前486年，古邗沟联通江淮以后，淮安就成为"南船北马"的转运码头。在邗沟入淮的末口迅速兴起了一个北辰镇。

隋唐北宋时期，淮安成为我国南北航运的枢纽和运河沿线一座名城，白居易在诗文中称淮安为"淮水东南第一州"。

明清时期，"天下财富，半出江南"。朝廷对江南的需求越来越多，为了维护漕运安全，明、清两代都把漕运与河道总督府设在淮安，此时的淮安扼漕运、盐运、河工、榷关、邮驿之机杼。

大量的货物、商旅人员源源不断涌进淮安。当时的淮安市井繁华、物资丰富，各色人等汇聚，进入历史上最为鼎盛时期，成为运河线上与扬州、苏州、杭州齐名的"四大都市"之一。

在历史上，扬州的空前繁荣与富足，主要原因还是它的航运枢纽地位，漕运、盐运的咽喉地位所致。从东汉广陵太守陈登对古邗沟进行疏通改线后，运河

■ 京杭运河扬州段的扬州瘦西湖

的通航能力大为增强，使扬州迎来了它的第一个繁荣时代。

从此，扬州日趋繁荣，唐宋时期，扬州迎来了历史上第二个繁荣时代。

明清时期，京杭运河运输能力的提高，使扬州进入了最为鼎盛的时期。根据有关资料，1772年，清朝朝廷中央户部仅存银7800余万两，而扬州盐商手中的商业资本几乎与之相等。

至清代末年，漕粮改为海运，运河交通迅速衰落，至光绪时期后期，漕运停止，沿运河发展而繁华起来的许多城市有所凋敝。

二是运河的漕运文化内涵。

漕运文化是我国古代社会、经济、文化和科技发展水平的集中体现。运河是活着的文化遗产，漕运文化是运河文化的内涵之一。

漕运兴于秦而亡于清。漕运对我国历代政权的存在和延续发挥了巨大的作用，因此，发展漕运为历代的统治者所重视。

宋代人承认，漕运为"立国之本"，明代学者将运河与漕运喻之为"人之咽喉"，清代思想家康有为也说："古代漕运之制，为中国

■ 京杭运河扬州瘦西湖沿岸

■ 京杭运河扬州瘦西湖

大政。"

　　京城是封建王朝的国都，这里人口密集，经济繁荣，如何保证京城皇宗和显贵，以及社会上不同人们的生活需求供应，是国家的一件大事。

　　唐代初期，每年漕运粮食只有20万石左右，至天宝时期，每年漕运增至400万石。安史之乱以后，因地方割据势力劫取漕粮，岁运漕粮不过40万石，能进陕渭粮仓的十三四万石。

　　唐德宗建中年间，淮南节度使李希烈攻陷汴州，使唐朝朝廷失去了汴渠漕运的控制权，因物资供应不上，使得京城陷入绝境，唐帝国处在风雨飘摇之中。

　　789年，有一次长安城发生粮荒时，恰好江淮的镇海军节度使韩滉把3000石米运到关中，皇帝大喜，对太子说道："米已至陕，我父子得生矣！"

　　这个典型事例生动地说明了漕运与国家命运的密

节度使 我国古代官名，是我国唐代开始设立的地方军政长官。因受职之时，朝廷赐以旌节而得名。节度一词出现甚早，意为节制调度。唐代节度使渊源于魏晋以来的持节都督。北周及隋改称总管。唐代称都督。贞观以后，设置行军大总管统领诸总管。唐高宗时，大总管演变成统率诸军、镇的大军区军事长官，于是节度使应时出现。

浩大的水利

■ 京杭运河苏州路段美景

总兵 官名。明代初期，镇守边区的统兵官有总兵和副总兵，无定员。总兵官本为差遣的名称，无品级，遇有战事，总兵佩将印出战，事毕缴还，后渐成常驻武官。明朝末年，总兵是明朝的高级将领，全国不过20人左右，权力是非常大的。

切关系。

至宋朝，对漕运非常重视，宋太祖曾对向他献宝的大臣说过："朕有三件宝带与此不同……汴河一条，惠民河一条，五丈河一条。"

明清两代除重视京杭大运河的整治和运河航运工程建设外，也非常重视漕运的管理工作。

明代永乐皇帝迁都北京后，为了保证把漕粮如数运达北京，设置了专门的军管和政府管两套班子，制定了许多漕运管理制度和保障措施。

漕运总兵和总督一职的官员级别一般是正二品或三品，朝廷还派5名户部主持官充任监总官，往返巡查，以监督兑运。地方衙门还设置趱运官和押运官，负责漕粮进京准时到达。

为了及时处理漕运途中出现的刑事案件，明朝朝廷又设置了巡漕御史、理刑主事等官职。在基层漕官中还设置卫守备，统管本卫各帮人船。卫守备之下有千总，千总之下设把总和外委等下级军官，协助千总管理本帮漕务。

漕运沿途还有各种役夫，分为闸夫、溜夫，即挽船、坝夫，即挽船过坝、浅夫，即护堤、泉夫、湖夫、塘夫，即供水、捞沙夫、挑港夫等，从北京通州至江苏瓜州的京杭运河，共设各种役夫47 000多人。

清代京杭运河管理机构及漕务管理办法沿袭明制。漕运总督官衔为二品，参将为正三品，均属于位高权重的大吏。

各代封建王朝，在繁盛时期，一靠强大的中央集权政治统治；二靠庞大的漕运管理组织，把全国各地的粮食和物资源源不断地运往京城，维护着封建王朝的繁华局面。

当王朝统治者出现腐败无能，地方出现割据，诸

参将 明代镇守边区的统兵官，无定员，位次于总兵、副总兵，分守各路。明清时期漕运官设置参将，协同督催粮运。清代河道官的江南河标、河营都设置参将，掌管调遣河工、守汛防险等事务。清代京师巡捕五营，各设参将防守巡逻。

■ 台儿庄大运河

长江 古代文献中，"江"特指长江。发源于青藏高原唐古拉山主峰各拉丹冬雪山，流经三级阶梯，自西向东注入东海。长江支流众多。全长6397千米，和黄河并称为中华民族的"母亲河"。它是我国和亚洲第一长河、世界第三长河，仅次于非洲的尼罗河与南美洲的亚马孙河。

浩大的水利

侯各霸一方的时候，国家的漕运也就难以维持了。

三是运河的水利文化内涵。

作为古代人工运河的大运河，充分利用了自然水域发展航运。

在开挖运河之前，人们先根据地形来设计运河线路，巧妙地把天然的大小河道湖泊洼地串联起来。

这样，不仅节省工程量，也使运河水源有了保证。邗沟、鸿沟、通济渠、京杭运河等人工运河都充分体现了这个特点。

运河水源系统多元化，也是它的水文化内涵之一。邗沟的水源来自长江和淮河。鸿沟的水源来源，除黄河与淮河外，黄淮之间的许多湖泊和支流河道都是鸿沟的水源。

淮河流域段的京杭运河水源更为复杂，山东省济宁境内因地势高，运河水靠闸控制，所以称"闸

■京杭运河南阳古镇

漕"，水源除引汶、泗两条河水外，还有145个山泉供水。

苏鲁两省边境段运河称"河漕"，因运河是借黄河行运的。苏北南段运河称"湖漕"，因为该段运河靠湖泊供水。

运河水利工程技术先进，主要项目包括河道、闸坝、护岸与供水等。在秦汉时期，是用斗门来调解水位。

至唐代，除斗门还在使用外，在运河上出现了堰、埭建筑物。唐代后期，斗门又逐步向简单船闸演变。

至宋代，再用水力、人力或畜力拖船过堰的办法，已不能适应宋代航运事业发展的需要，于是，劳动人民就在这条运河上创建了复闸和澳闸。

复闸即船闸，创建于984年，这座船闸史称"西河闸"。宋代人用船闸代替堰、埭，这不能不说是运河工程技术史上的一大创举。

澳闸就是在船闸旁开辟一个蓄水池，将船闸过船时流出的水或雨水储入水澳，当运河供水不足时，再将水澳里的水提供给船闸使用。为此，可以说，澳闸解决了船闸水源不足的问题，也是运河工程技术的完善与进步。

元、明、清三代对京杭运河的开凿与整治工程做出巨大贡献的人有：科学家郭守敬、名臣宋礼、水利学家潘季驯、河道总督靳辅、汶上县老人白英，等等。

尤其是明代永乐年间，工部尚书宋礼采纳白英的建议，引汶泗水济运，创建南旺运河水南北分流枢纽工程，解决了南旺运河水源不足的问题，受到后人的称颂。

创建运河南旺分水枢纽工程，使明、清两代会通河保持勃勃生机，它是我国运河天人合一治水模式的一个典型示范，客观上符合水资源循环利用的规律。

苏北黄淮运交汇的清口河道曲折，呈"之"字形运河，是明、清两代人民精心治理演变、逐步创造而成的一项伟大的航运科技成就。

江南漕船北上要翻过黄河进入中运河，必须通过清口盘山公路式的"之"字形运河，行程10千米，平均需要三四天时间，逆行需要人拉纤，走得很慢，下行如同坐滑梯，异常惊险。

■ 无锡古运河

在古代，我国人民巧妙地运用各种挡水的闸坝工程调控，创造出"之"字形河道，延长行程来减缓河水流速，保障航行安全，这是我国航运史上又一大创举。

四是京杭运河的文学艺术内涵。

人工运河是历代文人雅士展现其才华的平台，他们为运河而歌，也与运河荣辱与共。

山东济宁的人物之盛甲于齐鲁，名人巨卿和文人墨客侨寓特别多。春秋时孔子弟子及其后裔在此安家；唐朝诗人贺知章在任城做过官；济宁太白楼是唐代诗人李白常去饮酒赋诗、会朋别友之地，他的许多名篇，如《行路难》和《将进酒》等，都是在此创作的。

李白在济宁居住时间较长，留下许多传奇故事。

汴水流，泗水流，流到瓜洲古渡头，吴山点点愁。

这是唐代诗人白居易在徐州创作的《长相思》里的诗句。

唐代另一位大诗人韩愈不仅在徐州做过官，他的

■ 济宁太白楼

贺知章（约659年～约744年），号四明狂客，唐越州永兴人，贺知章少时就以诗文知名，695年中乙未科状元。他的诗文以绝句见长，除祭神乐章、应制诗外，其写景、抒怀之作风格独特，清新潇洒，著名的《咏柳》和《回乡偶书》脍炙人口，千古传诵。

浩大的水利

京杭大运河

母亲李氏也是徐州人，他与徐州有着不解之缘。

北宋诗人苏轼任徐州知州，到任不到3个月，就带领军民抗御黄河洪水，奋战70多天，战胜了洪水，保住了徐州城，因此受到神宗皇帝褒奖。

苏轼在徐州任职两年，除政绩卓著外，还创作了170多首诗与大量的散文。

在徐州生活、工作或旅行的作家、诗人有很多，如我国古代山水诗人谢灵运，唐代诗仙李白，晚唐时期诗人李商隐，北宋时期政治家、文学家范仲淹，南宋时期民族英雄文天祥，元代诗人萨都剌，明代治水名臣潘季驯等，都为徐州留下了许多著名的诗篇和散文作品。

运河文化是淮安地区历史文化的主流。从文化品种来看，除诗、文、赋、八股等传统作品外，小说和戏曲创作成就更加显著。

在我国古典小说四大名著中，除《红楼梦》外，其他三部都与淮安有密切关系。

《水浒传》的作者施耐庵，在元末明初居住在江苏省淮安，他根据宋江等梁山好汉占领淮安时留下的传说故事和淮安画家龚开创作的《宋江三十六人画赞》等素材，妙手编著了一部有极高文学价值和社会价值的古典名著，开创了我国白话小说的先河。

罗贯中是施耐庵的学生，长期居于淮安，他除协助老师著书外，自己还创作一部流传千古的名著《三国演义》。

吴承恩出生在淮安一个商人家庭，是土生土长的淮安人。他从小聪明，爱听神奇故事，爱读稗官野史，博览群书，这为他创作神话小说打下了基础。

成年后，吴承恩在科举和仕途奔波中屡遭失败后，于1570年回到家乡淮安。他闭门读书，广泛收集资料，利用晚年时光创作了一部家喻户晓的著名神话小说《西游记》。

扬州是与运河同龄的一座历史古城。运河经济的繁荣，为文化发展奠定了基础。从汉代开始就有许多史学家和诗人，如辞赋家枚乘、邹阳，建安七子陈琳，南北朝杰出诗人鲍照等，都曾用诗赋文学作品

■嘉兴月河古街古运河

■ 苏州古运河

浩大的水利

介绍了扬州的繁荣。

唐宋时期，扬州成为南北运河的枢纽，促进了扬州经济进入第二个繁荣时代。这时，各路文人骚客汇聚扬州，写出大量反映扬州繁荣的文史作品。

如北宋司马光在《资治通鉴》中说：

扬州富庶甲天下。

张祜的诗写道：

十里长街市井连，月明桥上有神仙。

徐凝的诗写道：

天下三分明月夜，二分明月在扬州。

唐代扬州文化，如日中天，十分辉煌。史学家李廷光撰写了《唐代扬州史考》，其中就介绍了十多位扬州籍的学者、作家和艺术家。

在李廷光的另一部《唐代诗人与扬州》一书中，列出了骆宾王、王昌龄、李白、孟浩然、刘禹锡、白居易、张祜、李商隐、杜牧、皮日休等57位诗人在扬州的活动及其歌咏扬州的诗篇。

两宋时期，扬州仍然是文学家歌咏之地。如王禹偁的《海仙花诗》，以及晏殊《浣溪沙》中的名句：

无可奈何花落去，似曾相识燕归来。

诗人欧阳修、梅尧臣、秦观等也多次来扬州游历。大诗人苏轼还任过扬州知府。

元、明、清三代，扬州也是文学家神往的地方。如元代诗人萨都剌，数度扬州，留下许多名篇。明代散文家张岱，他的《扬州清明》和《二十四桥风月》等作品，都成为反映扬州社会风情的一面镜子。

■ 京杭运河塑像

清代文化的繁荣与盐商对文化的贡献有关，如吴敬梓创作《儒林外史》，孔尚任参加淮扬治水过程中收集了许多资料，事后创作了《桃花扇》。

18世纪声誉画坛的"扬州八怪"之一汪士慎等人都得到过盐商的资助。

另外，清代扬州曲艺艺术也极发达，评话、弹词和戏剧等百花齐放，争奇斗艳。

京杭大运河显示了我国古代水利航运工程技术领先于世界的卓越成就，留下了丰富的历史文化遗存，孕育了一座座璀璨明珠般的名城古镇，积淀了深厚悠久的文化底蕴，凝聚了我国政治、经济、文化和社会诸多领域的庞大信息。

大运河与长城同是中华民族文化身份的象征。保护好京杭大运河，对于传承人类文明、促进社会和谐发展，具有极其重大的意义。

阅读链接

在京杭大运河两岸，还孕育了许多动人的故事：

一天，一婢女正在水闸的石级间洗衫，突然有一条大鲤鱼跃到岸上，正好落在婢女的洗衣盆中，她又惊又喜，忙用衣服盖住跳到盆中的鲤鱼，急急返到厨房将鱼放进水缸。

原来，在人工运河建成后，维立在这里放养了一批鱼苗，并经常在晚香亭观鱼戏水，以此来消除自己妻子过世的惆怅。当婢女告诉他鲤鱼跳上岸一事后，他便亲自将鱼放回运河中。

当晚，维立做了一个梦，他梦见那条鲤鱼慢慢地游到他的身边，变成一位美丽的少女，朝他嫣然一笑。数年后，他邂逅了一位叫谭玉英的姑娘，相貌极似梦中的那个美丽少女，于是娶了她为第二个妻子。谭玉英长得如花似玉，被称为"潭边美人"，婚后夫妻无比恩爱。

关中郑国渠

郑国渠是公元前246年秦王政采纳韩国水利专家郑国的建议开凿的。郑国渠全长150余千米，由渠首、引水渠和灌溉渠三部分组成。郑国渠的修建首开引泾灌溉的技术先河，对后世产生了深远的影响。

郑国渠的灌溉面积达18万平方千米，成为我国古代最大的一条灌溉渠道。郑国渠自秦国开凿以来，历经各个王朝的建设，先后有白渠、郑白渠、丰利渠、王御使渠、广惠渠和泾惠渠，一直造福着当地。

引泾渠首除历代故渠外，还有大量的碑刻文献，堪称蕴藏丰富的我国水利断代史博物馆。

十年建造中的一波三折

战国时，我国的历史朝着建立统一国家的方向发展，一些强大的诸侯国都想以自己为中心，统一全国。兼并战争十分剧烈。

关中是秦国的基地，它为了增强自己的经济力量，以便在兼并战争中立于不败之地，很需要发展关中的农田水利，以提高秦国的粮食产量。

韩国是秦国的东邻。战国末期，在秦、齐、楚、燕、赵、魏、韩七国中，当秦国的国力蒸蒸日上，虎视眈眈，欲有事于东方时，首当其冲的韩国却孱弱到不堪一击的地步，随时都有可能被秦国并吞。

一想到秦国大兵压境、吞并韩国的情景，

■泾河大峡谷古画

■ 西安泾河美景

韩桓王不免忧心忡忡。

一天，韩桓王召集群臣商议退敌之策，一位大臣献计说，秦王好大喜功，经常兴建各种大工程，我们可以借此拖垮秦国，使其不能东进伐韩。

韩桓王听后，喜出望外，立即下令物色一个合适的人选去实施这个"疲秦之计"。后来水工郑国被举荐承担这一艰巨而又十分危险的任务，受命赴秦。

郑国到秦国面见秦王之后，陈述了修渠灌溉的好处，极力劝说秦王开渠引泾水，灌溉关中平原北部的农田。

这一年是公元前246年，也正好是秦王政十年。本来就想发展水利的秦国很快地采纳了这一诱人的建议，委托郑国负责在关中修建一条大渠。

不仅如此，秦王还立即征集大量的人力和物力，

水工 古代的水利工程技术工作者。这类人员在秦汉时期以后通称为水工。后代没有专称，水利工程人员官衔和一般官吏相同，而宋、金、元时期有所谓"壕寨官"者，确为主持施工的水利人员。

■ 陕西泾河流域

任命郑国主持，兴建这一工程。

据历史研究，当时修建郑国渠的多达10万人，而郑国本人则成为这项庞大工程的总负责人。郑国渠能在这个时期建造，因为从春秋中期以后，铁制的农具和工具已经普遍使用了。

据史料记载，郑国设计的引泾水灌溉工程充分利用了关中平原的地理和水系特点，利用关中平原西北高、东南低的地形，又在平原上找到了一条屋脊一样的最高线，这样，渠水就由高向低实现了自流灌溉。

为了保证灌溉用的水源，郑国渠采用了独特的"横绝"技术，就是通过拦堵沿途的清峪河和蚀峪河等河流，让河水流入郑国渠，由于有了充分的水源和灌溉，河流下游的土地得到了极大的改善。

在郑国渠中，最为著名的就是石川河横绝，在陕

郑国 战国时期卓越的水利专家，出生于韩国都城新郑。成年后，郑国曾任韩国管理水利事务的水工，参与过治理荥泽水患以及整修鸿沟之渠等水利工程。后来被韩王派去秦国修建水利工事，使八百里秦川成为富饶之乡。郑国渠和都江堰、灵渠并称为秦代三大水利工程。

西省阎良县的庙口村，是郑国渠同石川河交汇的河滩地。郑国渠巧妙地连通了泾河和洛水，取之于水，用之于地，又归之于水，这样的设计，真可以说是巧夺天工。

郑国作为这项工程的筹划设计者，在施工中表现出了杰出的智慧和才能。他创造的"横绝技术"，使渠道跨过冶峪河、清河等大小河流，把常流量拦入渠中，增加了水源。

他利用横向环流，巧妙地解决了粗沙入渠，堵塞渠道的问题，表明他拥有丰富的河流水文知识和高超的工程技术。

据测量，郑国渠平均坡降为0.64%，也反映出他具有很高的测量技术水平，他是我国古代卓越的水利科学家，其科学技术成就得到后世的一致公认。

有诗句称颂他：

郑国千秋业，百世功在农。

公元前237年，郑国渠就要完工了，此时一件意外的事情出现了，秦国识破了韩国修建水渠原来是拖垮秦国的一个阴谋，是"疲秦之计"。

处在危急之中的郑国平静地对秦王说："不

秦国 秦国起源于天水地区，秦人是华夏族西迁的一支。据说，周孝王因秦的祖先非子善养马，因此将他们分封在秦，秦国是春秋战国时期的一个诸侯国。秦国多位国君在对西戎的战争中战死，长期的征伐使秦人尚武善战，同时为拱卫中原做出了一定贡献。

■ 泾河峡谷

错，当初，韩国派我来，确实是作为间谍建议修渠的。我作为韩国臣民，为自己的国君效力，这是天经地义的事，杀身成仁，也是为了国家祈求国事太平。

"不过当初那'疲秦之计'是韩王的一厢情愿罢了。陛下和众大臣可以想想，即使大渠竭尽了秦国之力，暂且无力伐韩，对韩国来说，也只是苟安数岁罢了，可是渠修成之后，可为秦国造福万代。在郑国看来，这是一项崇高的事业。

"郑国我并非不知道，天长日久，'疲秦之计'必然暴露，那将有粉身碎骨的危险。郑国我之所以披星戴月，为修大渠呕心沥血，正是不忍抛弃我所认定的这项崇高事业。若不为此，渠开工之后，恐怕陛下出10万赏钱，也无从找到郑国的下落了。"

赢政是位很有远见卓识的政治家，认为郑国说得很有道理，同时，秦国的水工技术还比较落后，在技术上也需要郑国，所以一如既往，仍然对郑国加以重用。

经过十多年的努力，全渠修建竣工，人称"郑国渠"。这项原本为了消耗秦国国力的渠道工程，反而大大增强了秦国的经济实力，加速了秦统一天下的进程。

这条从泾水到洛水的灌溉工程，在设计和建造上充分利用了当地的河流和地势特点，有不少独创之处。

第一，在渠系布置上，干渠设在渭北平原二级阶地的最高线上，从而使整个灌区都处于干渠控制下，既能灌及全区，

■ 泾河美景

又形成全面的自流灌溉。这在当时的技术水平和生产条件之下，是件很了不起的事情。

第二，渠首位置选择在泾水流出群山进入渭北平原的峡口下游，这里河身较窄，引流无须修筑长的堤坝。另外，这里河床比较平坦，泾水流速减缓，部分粗沙因此沉积，可减少渠道淤积。

第三，在引水渠南面修退水渠，可以把水渠里过剩的水泄到泾河中去。川泽结合，利用泾阳西北的焦获泽，蓄泄多余渠水。

第四，采用"横绝技术"，把沿渠小河截断，将其来水导入干渠之中。"横绝技术"带来的好处一方面是把"横绝"了的小河下游腾出来的土地变成了可以耕种的良田；另一方面小河水注入郑国渠，增加了灌溉水源。

郑国渠修成后，曾长期发挥灌溉效益，促进了关中的经济发展。

公元前231年，也就是郑国渠建成6年后，秦军直指韩国，此时的关中平原已经变成了秦国大军的粮仓。对这时的秦国来说，"疲秦之计"真正变成了强秦之策。郑国渠建成15年后，秦灭六国，实现了天下的统一。

如果从这点来看的话，证明秦国在当时有一个非

泾河 是我国黄河中游支流渭河的大支流，长451千米，流域面积约45 400平方千米。泾河发源于宁夏六盘山腹地的马尾巴梁，有两个源头，南源出于泾源县老龙潭，北源出于固原县大湾镇。两河在甘肃平凉八里桥附近汇合后折向东南，抵陕西高陵县汇入渭河。

关中 指关中平原的广大地区，地处陕西省中部。西起宝鸡大散关，东至渭南潼关，南接秦岭，北至陕北黄土高原，号称"八百里秦川"，经渭河及其支流泾河、洛河等冲积而成。这里自古灌溉发达。

常清楚的战略考虑。秦国在一个整体宏观的战略构想下，最后权衡利弊得出了一个结论，那就是修建水利工程对于开发关中农业的意义远远能够抵消对国力造成的消耗。

这是秦国最后决定要把工程修下去的根本原因。

公元前237年，郑国渠工程从它戏剧性的开始，一波三折，用了10年时间终于修建成功。郑国渠和都江堰一北一南，遥相呼应，从而使秦国挟持的关中平原和成都平原赢得了"天府之国"的美名。

郑国渠是以泾水为水源，灌溉渭水北面农田的一项水利工程。《史记·河渠书》和《汉书》记载，它的渠首工程，东起中山，西至瓠口。中山和瓠口后来分别称为"仲山"和"谷口"，都在泾县西北，隔着泾水，东西相望。

它是一座有坝引水工程，它东起距泾水东岸1.8千米，名叫"尖嘴的高坡"，西至泾水西岸100多米王里湾村南边的山头，全长约为2.3千米。

其中河床上的350米早被洪水冲毁，已经无迹可寻，而其他残存部分，历历可见。经测定，这些残部，底宽尚有100多米，顶宽1米至20米不等，残高6米。可以想见，当年这一工程是非常宏伟的。

关于郑国渠的渠道，《史记》和《汉书》都记载得十分简略，《水经注·沮水注》比较详细一些。根据古书记载和实地考察，它大体位于北山南麓，在泾阳、三原、富平、蒲城、白水等县二级阶地的最高位置上，由西向东，沿线与冶峪、清峪、浊峪和沮漆水相交。

郑国渠将干渠布置在平原北缘较高的位置上，便于穿凿支渠南下，灌溉南面的大片农田。可见当时的设计是比较合理的，测量的水平也已经很高了。

不过泾水是著名的多沙河流，古代有"泾水一石，其泥数斗"的说法，郑国渠以多沙的泾水作为水

《汉书》又称《前汉书》，由东汉时期的历史学家班固编撰，是我国第一部纪传体断代史，《二十四史》之一。主要记述了上起西汉下至新朝的王莽地皇四年(即公元23年)共230年的史事。《汉书》包括纪12篇，表8篇，志10篇，传70篇，共100篇，后人划分为120卷，共80万字。

043

世界水利奇观

关中郑国渠

■ 泾河流域

泾河小溪

渠的水源，这样的比降又嫌偏小。比降小，流速慢，泥沙容易沉积，渠道易被堵塞。

郑国渠建成后，经济、政治效益显著，《史记》和《汉书》记载：

渠就，用注填阏之水，溉舄卤之地四万余顷，收皆亩一钟，于是关中为沃野，无凶年，秦以富强，卒并诸侯，因名曰郑国渠。

其中一钟为六石四斗，比当时黄河中游一般亩产一石半要高许多倍。

浩大的水利

阅读链接

郑国渠工程，西起仲山西麓谷口，在谷口筑石堰坝，抬高水位，拦截泾水入渠。利用西北微高、东南略低的地形，渠的主干线沿北山南麓自西向东伸展，干渠总长近150千米。沿途拦腰截断沿山河流，将冶水、清水、浊水、石川水等收入渠中，以加大水量。

在关中平原北部，泾、洛、渭之间构成密如蛛网的灌溉系统，使干旱缺雨的关中平原得到灌溉。郑国渠修成后，大大改变了关中的农业生产面貌，用注填淤之水，溉泽卤之地。就是用含泥沙量较大的泾水进行灌溉，增加土质肥力，改造了盐碱地40 000余顷。一向落后的关中农业迅速发达起来，雨量稀少、土地贫瘠的关中开始变得富庶甲天下。

历史久远的渠首和沿革

　　郑国渠的渠首位于陕西省泾阳西北约1千米处的泾河左岸。泾河自冲出群山峡谷进入渭北平原后，河床逐渐展宽，成一"S"形大弯道，与左岸三级阶地前沿450米等高线正好构成一个葫芦形的地貌。

　　这一带即古代所称"瓠口"。其东有仲山，西有九嵕山。郑国渠

西安泾河大峡谷

泾河峡谷

渠首的引水口就位于这个地方。

在泾河二级阶地的陡壁上有两处渠口，均呈"U"形断面，相距约有100米。上游渠口距泾惠渠进水闸处测量基点约为4.8千米，渠口从现地面量得上宽19米、底宽4.5米、渠深7米。下游渠口遗迹上宽20米、底宽3米、渠深8米，两断面渠底高于河床约15米。

由于河床下切，河岸崩塌，原来的引水口及部分渠道已被冲毁，但两处渠口相距很近，而且高度又大体相同，符合郑国渠引洪灌溉多渠首引水需要。

渠口所在的泾河二级阶地为第四纪山前洪积及河流冲积松散堆积。在古渠口遗迹下有一条由东南转东方向长500余米的古渠道遗迹，下接郑白渠故道，两岸渠堤保留基本完整，高7米左右，中间渠床已平为农田，宽20米至22米。

在古渠道的右侧，有东西向土堤一道，长400余米，高6米左右，顶宽20米，北坡陡峭，南坡较缓，距故道50米至100米。

经分析，此土堤为人工堆积而成，没有夯压的迹象，是郑国渠开渠及清淤弃土，堆积于渠道下游，逐年累月形成的挡水土堤，以利于引洪灌溉。

郑国渠把渠首选在谷口，其干渠自谷口沿北原自西而东布置在渭北平原二级阶地的最高线上，并将沿线与渠道交叉的冶峪、清峪和浊峪等小河水拦河入渠。这样既增加渠道流量，又充分利用了北原以南、泾渭河以北这块西北高、东南低地区的地形特点，形成了全部自流灌溉，从而最大限度地控制了灌溉面积。

郑国渠在春秋末期建成之后，历代继续在这里完善其水利设施，先后历经汉代的白公渠、唐代的三白渠、宋代的丰利渠、元代的王御史渠、明代的广惠渠和通济渠及清代的龙洞渠等历代渠道。

汉代有民谣说道：

田于何所？池阳、谷口。郑国在前，白渠起后。举锸为云，决渠为雨。泾水一石，

民谣 民间流行的、富于民族色彩的歌曲，也称民歌。民谣的历史悠远，故其作者多不知名。民谣的内容丰富，有宗教的、爱情的、战争的、工作的，也有饮酒、舞蹈作乐、祭典等。民谣既然是表现一个民族的感情与习尚，因此各有其独特的音阶与情调风格。

■泾渠河滩

大夫 古代官名。西周以后先秦诸侯国中，在国君之下有卿、大夫、士三级。大夫世袭，有封地。后世遂以大夫为一般任官职之称。秦汉以后，朝廷要职有御史大夫，备顾问者有谏大夫、中大夫、光禄大夫等。至唐宋尚有御史大夫及谏议大夫之官，至明清时期废除。

其泥数斗，且溉且粪，长我禾黍。衣食京师，亿万之口。

称颂的就是这项引泾工程。

公元前95年，赵中大夫白公建议增建新渠，以便引泾水东行，至栎阳注于渭水，名为"白渠"，所灌溉的区域称为"郑白渠"。前秦苻坚时期曾发动3万民工整修郑白渠。

唐代的郑白渠有3条干渠，即太白渠、中白渠和南白渠，又称"三白渠"。灌区主要分布于石川河以西，只有中白渠穿过石川河，在下县也就是渭南东北25千米，缓缓注入金氏陂。

唐代初期，郑白渠可灌田约为6.7万平方千米，后来由于大量建造水磨，灌溉面积减少至约4.1万平方千米。郑白渠的管理制度在当时的水利管理法规《水部式》中有专门的条款。渠首枢纽包括有六孔

■ 泾渠大峡谷

■ 泾渠峡谷

闸门的进水闸和分水堰。

宋代改为临时性梢桩坝，每年都要进行重修。由于引水困难，后代曾多次将引水渠口上移。主要有北宋时期的改建工程，共修石渠约1千米，土渠1千米，灌溉面积达到约13.3万平方千米，并更名为"丰利渠"。

元代初期改渠首临时坝为石坝，至1314年延展石渠近200米，有拦河坝仍系石结构，后称"王御史渠"，灌溉面积曾达6万公顷。灌区有分水闸135座，并制定了一整套管理制度。在元代进士李好文所著的《长安志图·汉渠图说》中有详细的记载。

至明代，曾十多次维修泾渠，天顺至成化年间将干渠上移500多米，改称"广惠渠"。由于渠口引水困难，灌溉面积逐年缩小。

1737年，引泾渠口封闭，专引泉水灌溉，改称"龙洞渠"，灌溉面积为4600多公顷，至清代末年减

《水部式》是我国保存下来的唐代朝廷颁行的水利管理法规，共29自然段，按内容可分为35条，2600余字。内容包括农田水利管理、用水量的规定、航运船闸和桥梁渡口的管理和维修、渔业管理以及城市水道管理等内容。是我国现存最早的一部水利法书籍。

泾渠峡谷奇观

少至1300多公顷。泾惠渠初步建成之后，引泾灌溉又重新得到恢复和进一步的发展。

后来的一年，陕西的关中地区发生了大旱，三年颗粒不收，饿殍遍野。引泾灌溉，解决燃眉之急。

著名的水利专家李仪祉临危受命，毅然决然地挑起修泾惠渠的千秋重任，历时两年时间，修成了泾惠渠，可灌溉4万公顷的土地，一直惠及着沿岸的土地和百姓。

郑国渠的作用不仅仅在于它发挥灌溉效益的100多年，而且还在于首开了引泾灌溉的先河，对后世的引泾灌溉产生深远的影响。

除了历代的河渠之外，还有大量的碑刻和文献，堪称蕴藏丰富的我国水利断代史博物馆，异常珍贵。

阅读链接

相传，在当时，思想和科技的制度非常开明，才俊们到异国献计得到重用的游士制度非常普遍。各国将水利作为强国之本的思想已经产生，对秦国来说，兴修水利更是固本培元和兼并六国的战略部署。

当时秦国的关中平原还没有大型水利工程，因此韩国认为这一计策最有可能被接受。肩负拯救韩国命运的郑国，在咸阳宫见到了秦王政及主政者吕不韦，提出了修渠建议。

韩国的建议与秦王及吕不韦急于建功立业的想法不谋而合，秦国当年就组织力量开始修建郑国渠。

四川都江堰

都江堰位于四川成都的都江堰市，是我国建设于古代并一直使用的大型水利工程，被誉为"世界水利文化的鼻祖"，是全国著名的旅游胜地。

都江堰水利工程是由秦国蜀郡太守李冰及其子率众于公元前256年左右修建的，是普天之下年代最久、唯一留存、以无坝引水为特征的宏大水利工程。

2000多年来，都江堰水利一直发挥着巨大的效益，李冰治水，功在当代，利在千秋，不愧为文明世界的伟大杰作、造福人民的伟大水利工程。

古往今来的沧桑历史

■岷江源古石

岷江是长江上游一条较大的支流，发源于四川省北部高山地区。

每当春夏山洪暴发的时候，江水奔腾而下，从灌县进入成都平原，由于河道狭窄，古时常常引发洪灾，洪水一退，又是沙石千里。而灌县岷江东岸的玉垒山又阻碍了江水的东流，造成东旱西涝。

这一带的水旱灾害异常严重，成为修建都江堰的自然因素。同时，都江堰的创建又有其特定的历史根源。

战国时期，刀兵蜂起，战乱频仍，饱受战乱之苦的人民渴望恢复

■ 汹涌的岷江

安定的生活。

当时，经过商鞅变法改革的秦国，一时名君贤相辈出，国势日益强盛。他们正确认识到巴蜀在统一全国中特殊的战略地位，并提出了"得蜀则得楚，楚亡则天下并矣"的观点。

在这一历史大背景下，战国末期，秦昭王委任知天文、识地理、隐居岷峨的李冰为蜀郡郡守。

于是，一个工程浩大、影响深远的都江堰水利枢纽工程开始了。

李冰受命担任了蜀郡郡守之后，就带着自己的儿子二郎，从秦晋高原风尘仆仆地来到多山的蜀都。

那时，蜀郡正闹水灾。父子俩立即去了灾情严重的渝成县，站在玉垒山虎头岩上观察水势。只见滔滔江水从万山丛中奔流下来，一浪高过一浪，不断拍打着悬岩。那岩嘴直伸至江心，迫使江心南流。

郡守 我国古代官名。郡的行政长官，始置于战国。战国各国在边地设郡，派官防守，官名为"守"。本是武职，后渐成为地方行政长官。秦统一后，实行郡、县两级地方行政区划制度，每郡置守，治理民政。汉景帝时改称"太守"。后世唯北周称"郡守"，此后均以太守为正式官名，郡守为习称。明清时期则专称"知府"。

浩大的水利

■ 李冰父子雕像

丞相 我国古代官名。古代皇帝的股肱，典领百官，辅佐皇帝治理国政，无所不统。丞相制度起源于战国。秦朝自秦武王开始，设左丞相、右丞相。明太祖朱元璋杀丞相胡惟庸后废除了丞相制度，同时还废除了中书省，大权均集中于皇帝，君主专制得到加强。

每年洪水天，南路一片汪洋，吞没人畜。东边郭县一带却又缺水灌田，旱情异常严重。

虎头岩脚下有条未凿通的旧沟，是早先蜀国丞相鳖灵凿山的遗迹。听当地父老说，只要凿开玉垒山，并在江心筑一道分水堤，使江流一分为二，便可引水从新开的河道过郭县，直达成都。

那时，筑城、造船和修桥等所急需的梓柏大竹都可在高山采伐后随水漂流，运往成都。化水害为水利，那该多好啊！

"看来，鳖灵选定这里凿山开江，真是高明呀！"李冰连声赞叹。但接着他又想到："鳖灵掘了很长时间，却一直没有凿通，可见这工程之艰巨！而且玉垒山全是子母岩构成，坚硬得很呀！"

李冰在山岩上低头想着凿岩导江的办法。忽然，它看见两只公鸡，一只红毛高冠，一只黑羽长尾，正在岩上争啄在那里收拾未尽的谷粒。

啄着啄着，两只鸡忽然打起架来。原来有些谷粒落在石头缝里，两只鸡都吃不到，便气愤相斗。只见它们伸直了脖子，怒目对看，转眼间展翅腾跃起来，四爪相加，红黑的毛羽四散纷飞。

像这样斗了几个回合，黑鸡战败，落荒逃走。红鸡仍在原处不停地猛啄，过了一些时候，终于将岩石啄开，饱食了落在石缝里的谷粒，然后高叫一声，雄赳赳地迈步走开了。

斗鸡的情景，给了李冰很深的印象。那小小的公鸡能用它的嘴壳啄穿岩层，人还不能用他们的双手劈开大石，凿通水渠吗？于是，他下定决心，不怕任何艰难险阻，一定要凿通水渠。

公元前256年，秦国蜀郡太守李冰和他的儿子在吸取了前人治水经验的情况下，率领当地人民，主持修建了都江堰水利工程。

都江堰的整体规划是将岷江水流分成两条，其中一条水流引入成都平原，这样既可以分洪减灾，又可以引水灌田，变害为利。其主体工程包括鱼嘴分水

李冰 战国时代著名的水利工程专家，对天文地理也有研究。公元前256年至公元前251年被秦昭王任为蜀郡太守。其间，他征发民工在岷江流域兴办许多水利工程，其中以他和其子一同主持修建的都江堰水利工程最为著名。该工程为成都平原成为天府之国奠定了坚实的基础。

■ 都江堰牌坊

堤、飞沙堰溢洪道和宝瓶口进水口。

在修建之前，李冰父子先邀集了许多有治水经验的农民，对地形和水情做了实地勘察，决定凿穿玉垒山引水。

之所以要修宝瓶口，是因为只有打通玉垒山，使岷江水能够畅通流向东边，才可以减少西边江水的流量，使之不再泛滥，同时也能解除东边地区的干旱，使滔滔江水流入旱区，灌溉那里的良田。这是治水患的关键环节，也是都江堰工程的第一步。

工程开始后，李冰便以火烧石使岩石爆裂，历尽千难，终于在玉垒山凿出了一个宽20米、高40米、长80米的山口。因其形状酷似瓶口，故取名"宝瓶口"，把开凿玉垒山分离的石堆叫作"离堆"。

宝瓶口引水工程完成后，虽然起到了分流和灌溉的作用，但因江东地势较高，江水难以流入宝瓶口。为了使岷江水能够顺利东流而且保持一定的流量，并充分发挥宝瓶口的分洪和灌溉作用，李冰在开凿完宝瓶口以后，又决定在岷江中修筑分水堰，将江水分为两支。由于分水堰前端的形状好像一条鱼的头部，所以人们又称它为"鱼嘴"。

浩大的水利

■ 都江堰宝瓶口

■ 都江堰鱼嘴

建成的鱼嘴将上游奔流的江水一分为二，西边称为"外江"，沿岷江顺流而下；东边称为"内江"，流入宝瓶口。

由于内江窄而深，外江宽而浅，枯水季节水位较低，则60%的江水流入河床低的内江，保证了成都平原的生产生活用水。

而当洪水来临，由于水位较高，于是大部分江水从江面较宽的外江排走。这种自动分配内外江水量的设计就是所谓的"四六分水"。

为了进一步控制流入宝瓶口的水量，起到分洪和减灾的作用，防止灌溉区的水量忽大忽小、不能保持稳定的情况，李冰又在鱼嘴分水堤的尾部，靠着宝瓶口的地方，修建了分洪用的平水槽和"飞沙堰"溢洪道，以保证内江无灾害。

溢洪道前修有弯道，江水形成环流，江水超过堰

溢洪道　属于泄水建筑物的一种。水库等水利建筑物的防洪设备多筑在水坝的一侧，像一个大槽，当水库里水位超过安全限度时，水就从溢洪道向下游流出，防止水坝被毁坏。溢洪道从上游水库到下游河道通常由引水段、控制段、泄水槽、消能设施和尾水渠五个部分组成。

蜀郡 古代行政区划之一。蜀郡以成都一带为中心，所辖范围随朝代而有不同。公元前277年，秦国置蜀郡，设郡守，成都为蜀郡治所。汉代初期承秦制。汉高祖虽然控制巴蜀，但南中在汉代朝廷控制范围之外。自汉代至隋代皆因之，唐代升为成都府。

■ 飞沙堰河道

顶时洪水中夹带的泥石便流入外江，这样便不会淤塞内江和宝瓶口水道，故取名"飞沙堰"。

飞沙堰采用竹笼装卵石的办法堆筑，堰顶达到合适的高度，起调节水量的作用。

当内江水位过高的时候，洪水就经由平水槽漫过飞沙堰流入外江，使得进入时瓶口的水量不致太大，以保障内江灌溉区免遭水灾。

同时，漫过飞沙堰流入外江的水流产生了旋涡，由于离心作用，泥沙甚至是巨石都会被抛过飞沙堰，因此还可以有效地减少泥沙在宝瓶口周围的沉积。

为了观测和控制内江水量，李冰又雕刻了3个石桩人像，放于水中，以"枯水不淹足，洪水不过肩"来确定水位。他还凿制石马置于江心，以此作为每年最小水量时淘滩的标准。

在李冰的组织带领下，人们克服重重困难，经过

■ 岷江河流

8年的努力，终于建成了这一宏大的历史工程。

李冰父子修建都江堰给蜀郡一带人民带来了幸福。因此，在人们心中，李冰父子具有不同凡人的地位。流传在当地的"二郎担山赶太阳"的传说就充分地说明了这一点。

在都江堰的附近有两座小山，相对立在柏条河两岸。右岸边上是涌山，左岸的叫童子山，前面不远处就是起伏不断的七头山。这一带的老乡们流传着"二郎担山赶太阳"的龙门阵。

据说，李冰父子在修建都江堰以后，川西坝从此四季有流水，庄稼长得绿油油的。但七头山一带的丘陵山坡，有一火龙在那里作怪。

一到六月，它便张开血盆大口，吐出团团烈焰，把山坡的石子烤得滚热滚热的。草木枯焦了，禾苗干

龙门阵 本意是指古代战争中摆的一个阵法，为唐朝薛仁贵所创。现在所说的摆龙门阵一般是指聊天、闲谈的意思，为四川方言。龙门阵一般用作名词，可与"摆"构成动宾词组，即摆龙门阵。

扁担 　我国古人用来挑水或担柴火的工具。即扁圆长条形挑、抬物品的竹木用具。扁担有用木制的，也有用竹做的。无论采自深山老林的杂木，还是取之峡谷山涧的毛竹，其外形都是共同的，那就是简朴自然：直挺挺的，不枝不蔓，酷似一个简简单单的"一"字。

枯了，人们找口水喝都是一件非常困难的事情！

李冰听说后，叫二郎前去制伏火龙。李二郎领了父命，前来捉火龙。谁知火龙很会溜，每当太阳偏西，就一溜烟地随着太阳躲藏了。第二天晌午，又重新抬头吐火害人。

二郎一连几天捉不到火龙，十分焦急。但他却看清了火龙的落脚处，决心担山改渠，截断火龙逃跑的去路。

为了抢在太阳落山前把水渠修通，他急忙跑上玉垒山巅，寻来神木扁担。又去南山竹林，编了一副神竹筐。就这样，二郎的担山工具做好了，扁担长30多米，磨得亮堂堂，竹筐可不小，大山都能装。

二郎头顶青天，腰缠白云，扁担溜溜闪，一肩挑起两座山，一步就跨15千米，快步赶太阳。他一挑接一挑地担着，一口气跑了33趟，担走了66个山头。

■ 都江堰风光

　　在担山的路上，二郎换肩，一个堆在筐顶的石块甩落下来，它就成了崇义铺北边的走石山。二郎歇气时，把担子一撂，撒下的泥巴堆成两座山，那就是涌山和童子山。

　　有一趟，二郎的鞋里塞进了泥沙，他脱鞋一抖，鞋泥堆成了个大土堆，就是后来的"马家墩子"。

　　李二郎越担越起劲儿，不觉太阳已偏西了。他回头一看，火龙也正急着向西逃窜。它怕二郎担山修成的水渠拦断了它的归路，便吐出火焰向二郎猛扑过来。

　　二郎浑身火辣辣的，汗流满面，顾不上擦。嘴皮干裂了，没空喝水。一心担山造渠，要赶在太阳落山前完工。

　　忽然"咔嚓"一声巨响，震天动地，神木扁担断成两截。二郎把扁担一丢，提起筐子，把最后两座大山甩到渠尾，这水渠就修通了。

　　那甩在地上的扁担和石头变成了弯弯扭扭的"横山子"。火龙被新渠拦住了去路，急得东一触、西一碰，渐渐筋疲力尽了。

　　二郎忙着跑回家，取出一个宝瓶，从伏龙潭打满了水，倒入新

都江堰附近的瀑布

渠，眼见渠内波翻浪滚，大水把火龙淹得眼睛泛白，胀得肚皮鼓起，火龙拼命往坡上逃窜，一连窜了7次，就再也溜不动了。

在火龙快要丧命时，每抬头一次，便拱起一些泥巴石块，这就是起伏不断的"七头山"。二郎担山修成水渠，把火龙困死在那里。

据说此后，这儿的黄泥巴里都会夹杂有红石子，相传那是火龙的血染成的。再深挖下去，能拣到龙骨石，据说那就是火龙的尸骨呢！

都江堰建成之后，惠及了成都平原的大片土地。成都平原能够如此富饶，被人们称为"天府"乐土，从根本上说，是李冰创建都江堰的结果。

所以《史记》说道：

都江堰建成，使成都平原水旱从人，不知饥馑，时无荒年，天下谓之"天府"也。

都江堰建成之后，历经了上千年的风雨而保存完好，并给当地人民带来了巨大的利益，这与它独特而科学的设计有关。

都江堰的第一个设计特点就是充分发挥了岷江的悬江优势。岷江高悬于成都平原之上，是地地道道的悬江。李冰既看到了岷江悬江危险、制造灾难的一面，又看到了它富含潜力和可以开发利用的一面。

岷江坡陡流急，从成都平原西侧直流向南，成都平原依岷江从西向东、从西北向东南逐步倾斜。李冰采取工程措施，正确处理这种关系，使岷江悬江劣势转化为悬江优势，从而创造出了伟大的都江堰。

都江堰的第二个设计特点就是建设约束保障工程体系。整个都江堰工程设计巧妙、牢固可靠、相互衔接、完整配套，实现了优化和强化约束，及尽兴岷江之利、尽除岷江之害的工程保证。

所谓优化和强化约束，即采取工程措施，改善和加强河道对河流的约束条件，使之兴利避害，造福一方。

还应该指出的是，直接利用每年修"深淘滩"挖出的泥沙和鹅卵石建设低堰、高岸、渠系水库，从而形成科学、壮观、十分牢靠的防洪大堤，完整的渠系，星罗棋布的水闸和水库，从而建成了一个功能不断延伸的水利工程体系。

这既保证了都江堰工程自身的成功，也为各大江河的治理提供了具体和完整的经验。

都江堰的第三个设计特点就是采取科学的泥沙处理方式。

■ 都江堰海滩

诸葛亮（181年~234年），字孔明，号卧龙，三国时期蜀汉丞相，杰出的政治家、军事家、散文家、发明家、书法家。在世时被封为武乡侯，死后追谥忠武侯，东晋政权特追封他为武兴王。诸葛亮为匡扶蜀汉政权，呕心沥血，鞠躬尽瘁，死而后已。诸葛亮在后世受到极大尊崇，成为后世忠臣的楷模、智慧化的身。

都江堰工程历经了初创、改进优化的长期发展过程。这一发展过程是围绕宝瓶口和处理泥沙展开的，正确处理泥沙是都江堰保证长期使用的重要条件。

李冰修建宝瓶口，位置选在成都平原的最高点——岷江出山谷、流量逐步变大的河道下端，使环流力度逐步加大，形成了环流飞沙的态势。宝瓶口呈倒梯形，下接人字堤和飞沙堰，增强了溢流飞沙效果。

因为这些独特设计，都江堰可以把98％的泥沙留在岷江，进入宝瓶口的泥沙只占2％。岷江水推移质多，悬浮质少，也是增强飞沙效果的重要原因。

这是一种适应岷江实际的、十分巧妙的、特定的泥沙处理方式。

都江堰修成后，为当地人民带来的福祉得到了社会的认可。在历史上，许多名人都曾到这里考察，许多事件都围绕都江堰发生，在我国的历史上具有举足轻重的影响。

■ 宝瓶口河流

■ 都江堰水坝

公元前111年，司马迁奉命出使西南时，实地考察了都江堰。他在《史记·河渠书》中记载了李冰创建都江堰的功绩。这是人们了解到的关于都江堰较早、较权威的记录。

228年，诸葛亮准备北征时，他认为都江堰是农业和国家经济发展的重要支柱。为了保护好都江堰，诸葛亮征集兵丁1200多人加以守护，并设专职堰官进行经常性的管理维护。

诸葛亮设兵护堰开启了都江堰之管理先河，在此以后，历代政府都设专职水利官员管理都江堰。

至唐代，杜甫晚年寓居成都，761年，杜甫曾游历都江堰与青城山，之后又多次登临，并写下了《登楼》《石犀行》《阆中奉送二十四舅使自京赴任青城》等脍炙人口的诗歌19首。

杜甫（712年~770年），字子美，自号少陵野老，世称"杜工部""杜老""杜陵""杜少陵"等，河南省郑州巩义人，唐代伟大的现实主义诗人，被世人尊为"诗圣"，其诗被称为"诗史"。与唐代著名诗人李白合称"李杜"。

他在《赠王二十四侍御契四十韵》一诗中写道：

> 湔口江如练，蚕崖雪似银。
>
> 名园当翠巘，野棹没青蘋。
>
> 屡喜王侯宅，时邀江海人。
>
> 追随不觉晚，款曲动弥旬。
>
> 但使芝兰秀，何烦栋宇邻。
>
> 山阳无俗物，郑驿正留宾。

诗中的"湔口江如练，蚕崖雪似银"之句，形象地写出了岷江的气势。

宋代诗人陆游，曾经在都江堰游玩了一些时日。在他所保存下来的诗中，就有七首诗写在青城山都江堰。

陆游在《离堆伏龙祠观孙太古画英惠王像》中写道：

> 岷山导江书禹贡，江流蹴山山为动。
> 呜呼秦守信豪杰，千年遗迹人犹诵。
> 决江一支溉数州，至今禾黍连云种。
> 孙翁下笔开生面，岌嶪高冠摩屋栋。

诗中"岷山导江书禹贡，江流蹴山山为动"之句，将岷江的不凡气势表现出来，以生动形象的描摹，使

■ 都江堰碑石

■ 都江堰水坝

岷江水的声势跃然纸上。接下来，"决江一支溉数州，至今禾黍连云种"之句，体现了诗人对都江堰水利工程的赞誉。

陆游在另一首《视筑堤》的诗中，还提到"长堤百丈卧霁虹"，以此来赞誉都江堰的修建者李冰父子的大手笔。

元世祖至元年间，意大利旅行家马可·波罗从陕西汉中骑马，走了20多天，抵达了成都，并游览了都江堰。后来，马可·波罗也在他的《马可·波罗游记》一书中提到了都江堰。

至清代，文人墨客对都江堰更是青睐无比，其中也不乏优秀之作。比较有名的有清人董湘琴的诗句。

这位以《松游小唱》名震川西的贡生，在他的《游伏龙观随吟》中写道：

峡口雷声震碧端，离堆凿破几经年！
流出古今秦汉月，问他伏龙可曾寒？

贡生 在我国古科举时代，挑选府、州、县生员中成绩或资格优异者，升入京师的国子监读书，称为"贡生"。意谓以人才贡献给皇帝。明代有岁贡、选贡、恩贡和细贡。清代有恩贡、拔贡、副贡、岁贡、优贡和例贡。清代把贡生也称为"明经"。

举人 被荐举之人。汉代取士，无考试之法，朝廷令郡国守相荐举贤才，因以"举人"称所举之人。唐宋时期有进士科，凡应科目经有司贡举者，通谓之举人。至明清时期，则称乡试中试的人为举人，也称为大会状、大春元。中了举人叫"发解"或"发达"，简称"发"。习惯上举人俗称为"老爷"，雅称则为"孝廉"。

清代举人蔡维藩在他的《奎光塔》中写道：

水走山飞去未休，插天一塔锁江流。
锦江远揖回澜势，秀野平分灌口秋。

清代还有一位贡生名叫山春，他留下的墨迹其中有吟咏都江堰放水节的。他在所作的《灌阳竹枝词》中写道：

都江堰水沃西川，人到开时涌岸边。
喜看杩槎频撤处，欢声雷动说耕田。

都江堰年年的放水节都是人潮涌动，欢声如雷，蔚为壮观，贡生山春形象地描写了这种场面。同时，

这首诗清新自然，平实无华，又浅显易懂，为人们所喜爱。

都江堰的放水节，不仅有贡生山春为它写词，连举人也为它写诗。

灌县本土的著名举人之一罗骏生，在他的《观都江堰放水》中写道：

河渠秦绩屡丰年，大利归农蜀守贤。
山郭水村皆入画，神皋天府各名田。
富强不落商君后，陆海尤居郑国先。
调剂二江浇万井，桃花春浪远连天。

这首诗其实是观放水后的心得体会。全诗无一字描绘放水的胜景，却道出了都江堰这项工程的重大意

诗 为吟咏言志的文学体裁与表现形式，诗的形式繁多，一般分为古体诗和新体诗，如四言、五言、七言、五律、七律、乐府、趣味诗、抒情诗、朦胧诗等。古体诗的创作一般要求押韵、对仗，符合起、承、转、合的基本要求。

■ 都江堰水利工程全景

义，竭力讴歌了这项工程的伟大，诗中溢满感恩之情。

清代同治年间，德国地理学家李希霍芬来都江堰考察。他以专家的眼光，盛赞都江堰灌溉方法之完美，普天之下都无与伦比。

1872年，李希霍芬曾在《李希霍芬男爵书简》中设置了专章介绍都江堰。因此，人们认为李希霍芬是把都江堰详细介绍给世界的第一人。

都江堰水利工程是我国古代人民智慧的结晶，是中华文化划时代的杰作。它开创了我国古代水利史上的新纪元，标志着我国水利史进入了一个新的阶段，在世界水利史上写下了光辉的一章。

都江堰工程的创建，以不破坏自然资源、充分利用自然资源为人类服务为前提，变害为利，使人、地、水三者高度协和统一，是普天下仅存的一项古代时期的伟大"生态水利工程"。

■ 都江堰风光

都江堰水利工程是我国古代历史上最成功的水利杰作，更是一直沿用2000多年的古代水利工程。那些与之兴建时间大致相同的灌溉系统都因沧海变迁和时间的推移，或淹没、或失效，唯有都江堰独树一帜，还一直滋润着天府之国的万顷良田。

阅读链接

据传说岷江里有一条孽龙，经常有事没事翻来滚去。它这一滚，老百姓却苦不堪言，一时间地无收成，民不聊生。

当时，梅山上有7个猎人，以排行老二的二郎本领最高。听说孽龙作乱，他们就下山擒龙。在灌县看到孽龙正在水中休息，7个猎人二话没说，跳进岷江，与孽龙搏斗起来。

双方恶战了七天七夜，也没分出胜负。到了第八天，二郎的6个兄弟全部战死，孽龙也筋疲力尽，负了重伤。二郎把孽龙拖到灌县，拿了条铁锁链锁在孽龙身上，把它拖到玉垒山，让它打了个滚，滚出一条水道，叫"宝瓶口"。最后把孽龙丢进宝瓶口上方的伏龙潭里，让它向宝瓶口吐水。

为了防止孽龙再次作乱，老百姓还在宝瓶口下方修了一座锁龙桥。这样，都江堰的雏形就出现了。也就是这样，历史上第一个都江堰修筑者的版本出现了，蜀人都说，是二郎修建了都江堰。

具有丰富内涵的古堰风韵

都江堰市不仅具有都江堰水利枢纽工程，还有许多其他古迹名胜，如二王庙、伏龙观、安澜索桥和清溪园等。

都江堰地区的古迹名胜，历史悠久，既有极高的历史和文化价值，也有较高的游览价值，受到了普天下人们的喜爱。

都江堰在三国时期曾叫作"大堰"，堰首旁边有一个大坪名叫"马超坪"。相传，它是三国时候蜀汉丞相诸葛亮派大将马超镇守大堰和扎营练兵的地方。

■都江堰安澜索桥

蜀汉初年，曹操为了夺取西川，派人说动了西羌王，调了很多人马，逼近蜀国西北边境的锁阳城。诸葛丞相知道之后，十分焦急。

他想："那锁阳城再

■ 都江堰清溪园

往下走就是大堰，此堰是蜀国农业的命脉、国家财力的根本，还关系到蜀国京都的安危，万万不可疏忽大意呀！"

于是，诸葛亮决定派一员大将前去镇守，但派哪个最好呢？东挑西选，最后把这副重担落在了平西将军马超的肩上。因为诸葛亮知道，马超不仅做事细致稳当，他的先辈与羌人还有亲戚，而且羌人素来敬重马超，尊他为"神威天将军"。

马超临走时，诸葛亮特地请他前去相府，摆酒饯行。酒过三巡，诸葛亮出了个题目，要马超用一个字来说明自己去后的打算，但先不说出来，把这个字写在手心上。

诸葛亮也把自己的想法写成一个字表示，同样也写在手心上。然后，两人一齐摊开手掌，看看哪个的计谋好。

马超高兴地答应了，两人又饮了几杯酒，便叫人

马超（176年～222年），东汉末年群雄之一，汉伏波将军马援的后人。起初在其父马腾帐下为将，先后参与破苏氏坞、与韩遂相攻击、破郭援等战役。后降刘备，迫降成都，参与下辩之战。刘备称帝，拜马超为骠骑将军，领凉州牧，封斄乡侯。次年马超病逝，终年47岁。

■都江堰岸边美景

羽扇 我国古人用鸟类羽毛做成的扇子。羽扇是扇子家族中最早出现的，已有2000多年的历史。羽扇以柄居中，两边用羽对称。视羽至大小，一扇集数羽，十余羽至二三十羽不等。一般以竹签或金属丝穿翎管编排成形。扇柄一般多用竹、木，高档者则用兽骨角、玉石、象牙为柄。柄尾或穿丝缕，或坠流苏。

取来笔墨，各在自己的手心里写了一个字。写好后，他们同时把手心摊开，互相一看，不禁哈哈大笑，原来再巧不过，两人都写了一个"和"字。

马超问："此行领兵多少？"

诸葛亮说："三千！"

马超吃了一惊，忙问："既然要和，为何还要带这么多兵呢？"

诸葛亮摇摇羽扇，笑着说："将军以为多带些兵就是要大动干戈吗？我看将军此行不光是守好大堰，安定西疆，还要趁此良机练兵。羌人爬山最在行，又会在穷山恶水间架设索桥，要好好学会这一套，今后南征北战，都用得着这些本领的。"

第二天，马超就带着队伍，开到大堰旁边的大坪上安营扎寨。那时候，大堰一带居住的人家，除汉人外，岷江东岸数羌人最多，西岸僚人也不少。他们听说马超领着大队人马来了，认为必有一番厮杀，全都摩拳擦掌，调动兵丁严加戒备。

谁知马超却派他手下对羌、僚情况最熟悉的得力将校，带上诸葛亮的亲笔信件，到羌寨、僚村，拜见他们的头人。

信里说：蜀汉皇帝决定与羌家、僚家世世代代友好下去，还把早先刘璋取名的"镇夷关"改名为"雁门关"，把"镇僚关"改为"僚泽关"，永远让两边百姓自由自在地串亲戚、做买卖。

除了信件，还带去了马超的请帖，邀请羌、僚首领在这两座边关换挂新匾额的时候前来赴会。

羌、僚首领看了诸葛亮的信和马超的请帖，起初半信半疑，最后想到诸葛神机妙算，计谋又多得很，不晓得这回他那葫芦里又卖的什么药，还是"踩着石头过河——稳当来"。

于是，他们在锁阳城到大堰一带设下埋伏，察看动静，不轻易抛头露面。同时，还派了一些探子，混

匾额 古建筑的必然组成部分，相当于古建筑的眼睛。匾额中的"匾"字古也作"扁"。悬挂于门屏上作装饰之用，反映建筑物名称和性质，表达人们义理、情感之类的文学艺术形式即为匾额。但也有一种说法认为，横着的叫匾，竖着的叫额。

■ 都江堰河岸一角

浩大的水利

■ 都江堰水利工程

进"镇夷关"来摸底细。

到了换匾那天，两座雄关，披红挂绿，喜气洋洋。马超将铠甲换成了白袍，十分潇洒，只带少数随从，抬了两份厚礼到会。他们没有携带刀矛剑戟，也没有暗藏强弓硬弩，更没有设下什么伏兵。

羌、僚首领听了探子的回报，还不放心，又亲自在四周仔细观察动静，等这一切都看得清清楚楚，心头的疑团解开了，才高高兴兴地前来赴会。

马超先叫人把蜀汉皇帝准备的锦缎、茶叶、金银珠宝送给羌僚首领，然后双方各自回敬了礼物。

这时，在鼓乐声中，马超指着两块金光闪闪的匾，对客人说："汉人、羌人、僚人本是一家人，我马家不就和羌家世代结亲吗！你们看，天上的大雁，春来飞向北方落脚，秋后又去南方做窝，高山大河也阻挡不了他们探亲访友，多亲热呀！我们原本都是亲戚，就更该亲热才好呀！所以，我们应该让雁门关和

■ 都江堰分水图

僚泽关成为我们走亲戚的通道，而不是把它们变成兵戎相见的战场。"

羌、僚两首领听得心里热乎乎的，这才信服诸葛亮丞相是以诚待人，高高兴兴地接受了礼物。换上新匾后，马超便把自己守护大堰的事向两家头人说了。

两位首领都说："汉家、羌家、僚家同饮一江水，恩情赛弟兄，我们一定帮助将军管好、护好、修好大堰。"

从此，大堰一带边境安宁，买卖兴旺，并在堰首摆起摊子，搭起帐篷，兴起集市。

日子过得飞快，一晃就是一年。马超不但保住了大堰安宁，还带领部下向羌人和僚人学会了开山、修寨、搭索桥。

到了修堰的时候，羌、僚各寨的丁壮都来相帮，大堰修得更加坚实、更加风光。开水那天，各寨首领

僚人 生活在桂、云、贵荆楚地区的少数民族群体，后来经过诸如秦汉以来绵延唐宋的汉人入桂，以及南北朝时期的僚人入蜀等民族大迁徙而更广泛地分布或曾经分布于两广云贵乃至于巴蜀地区。有学者认为，僚人与先秦时的西瓯、骆越人及汉代的乌浒、南越人等岭南少数民族有关系，所以也将之称为"獠人"。

都兴冲冲地来了。马超在军帐里摆酒待客，大家边喝酒，边畅谈。

羌、僚两家首领说："千千万万座高山啊！各有个名字；千千万万条江河啊！各有个名字。两座雄关已换了新名，这大堰也该换个新名儿才好呀！"

马超说："我们都盼大堰永保平安，就叫它'都安堰'如何？"说得满堂都哈哈大笑起来。大堰从此改名为"都安堰"。

后来，众人又提出给马超安营扎寨的大坪也起个名字，马超却挡住说："千万不可！千万不可！马超无功无德，不敢受赐！"

尽管马超千谢万谢，说什么也不同意，但人们还是把那山坪叫作了"马超坪"。

二王庙又称为"玉垒仙都"二王庙，这个庙宇最早是纪念蜀主的望帝祠，后来望帝祠被迁走后，留下

索桥 也称"吊桥""绳桥""悬索桥"等，是用竹索或藤索、铁索等为骨干相拼悬吊起的大桥。古书上称为"絙桥""笮桥""绳桥"。多建于水流急不易做桥墩的陡岸险谷，主要见于我国的西南地区。

■二王庙远景

■ 都江堰二王庙

来的望帝祠遗址就成了专祀李冰的二王庙。

二王庙的古建筑群典雅宏伟，别具一格。它依山傍水，在地势狭窄之处修建，上下落差高达50多米。

然而，二王庙的建筑师却在如此狭窄的地面上修建了6000多平方米的楼堂殿阁，使二王庙五步一楼，十步一阁，上下转换多变。

同时，建筑师还巧妙地利用围墙、照壁和保坎衬护，对二王庙造成了多层次、高峻、幽深和宏丽的壮观景象。

一般寺庙的山门都是一个，而且是在正面，而二王庙的山门却很别致，设计师利用大道两旁的地形，在东西两侧各建一座山门，好似殷勤好客的主人同时欢迎着东西两方的游客。

进入山门，过四合院，折而向上，便可见到乐楼，乐楼建于通道之上，小巧玲珑，古色古香。庙会

照壁 我国传统建筑特有的部分，明朝时特别流行，一般指大门内的屏蔽物。古人称之为"萧墙"。在旧时，人们认为自己宅中不断有鬼来访，修上一堵墙，以断鬼的来路。另一说法为照壁是我国受风水意识影响而产生的一种独具特色的建筑形式，称"影壁"或"屏风墙"。

■ 二王庙内石刻

浩大的水利

从乐楼拾级而上便是灌澜亭，亭阁建在高台上。高台正面砌为照壁，刻治水名言，与下面的乐楼和后面的参天古树相映托，显得高大壮观。

站在二王庙正门上，举目是三个苍劲的大字"二王庙"。从这几个字中，人们可以感受到书者对一个真正的治水英雄是何等的推崇，每一个字都不敢有任何疏忽，每一笔画中都凝聚着敬意。

匾额下的双合大门正对着陡斜的层层石梯，由石梯向上望，二王庙仿佛深处云霄之中，给人以人间仙境之感。

二王庙真正的主殿是庙内一座重廊环绕的阔庭大院，正中平台上是纪念李冰父子的两座大殿。前殿祭祀李冰，后殿祭祀李二郎。

主殿周围布满了香楠、古柏、银杏和绿柳护卫。清晨，霞光照耀，晨风阵阵，柳絮槐花，漫天飞扬，犹如仙女散花。时近黄昏，晚岚四起，云雨霏霏，整个二王庙又掩映在烟波云海里，宛如海市蜃楼，"玉垒仙都"之名即由此而来。

伏龙观在都江堰离堆的北端。传说李冰父子治水

四合院　我国古老、传统的文化象征。"四"代表东西南北四面，"合"是合在一起，形成一个"口"字形，这就是四合院的基本特征。四合院建筑的布局，是以南北纵轴对称布置和封闭独立的院落为基本特征的。按其规模的大小，有最简单的一进院、二进院或沿着纵轴加多三进院、四进院或五进院。

时曾制服岷江孽龙，将其锁于离堆下伏龙潭中，后人依此立祠祭祀。北宋初改名伏龙观，才开始以道士掌管香火。

伏龙观有殿宇三座，前殿正中立有东汉时期所雕的李冰石像。像高2.9米，重4500千克，造型简洁朴素，神态从容持重。

石像胸前襟袖间有隶书铭文三行。中行为"故蜀郡李府君讳冰"，这表明石像是已故的蜀郡太守李冰。"讳"是封建时代称死去的皇帝或尊长的名字。

左行为"建宁元年闰月戊申朔二十五日都水掾"，"都水"，是东汉郡府管理水利的行政部门。"掾"，是郡太守的掾吏，他代表郡太守常住都水官府。左行点明了这个雕塑的制作时间是在东汉，因建宁元年是东汉灵帝的年号，而且是郡太守常住都水掾的掾吏制作的。

右行为"尹龙长陈壹造三神石人珍水万世焉"。

祭祀 华夏礼典的一部分，更是儒教礼仪中最重要的部分，礼有五经，莫重于祭，是以事神致福。祭祀对象分为天神、地祇和人鬼三类。天神称"祀"，地祇称"祭"，宗庙称"享"。祭祀的对象有祭亡灵、祭天地、祭神灵，今有祭祖、祭烈士、祭死难者等。

081

水利文化鼻祖

四川都江堰

■ 都江堰伏龙观

茶马古道 指存在于我国西南地区、以马帮为主要交通工具的民间国际商贸通道，是我国西南民族经济文化交流的走廊。茶马古道是一个非常特殊的地域称谓，是一条世界上自然风光最壮观、文化最为神秘的旅游绝品线路，它蕴藏着无尽的文化遗产。

"珍水"，即镇水。这行标明了蜀郡都水掾尹龙、都水长陈壹造的李冰和另两人的石刻雕像做万世镇水用。这尊东汉石刻李冰像已有1800多年的历史了，是研究都江堰水利史十分珍贵的"国宝"。

秦堰楼因都江堰建于秦代而得名，为后来所建设。它依山而立，雄峙江岸，结构精巧，峻拔壮观。在秦堰楼还没有建成之前，这里曾是一个观景台，又称"幸福台"。

登上秦堰楼极目眺望，都江堰的三大水利工程、安澜桥、二王庙、古驿道、玉垒雄关、岷岭雪山和青城山峰等尽收眼底，甚为壮观。

松茂古道长300多千米，是西南丝绸之路的西山南段，由都江堰经汶川、茂县直至松潘。

松茂古道属于历史上著名的茶马古道。茶马古道起源于古代的茶马互市，可以说是先有互市、后有古道。

■ 都江堰松茂古道

茶马互市是我国西部历史上，汉藏民族间一种传统以茶易马或以马换茶为内容的贸易方式。

茶马贸易繁荣了古代西部地区的经济文化，同时也造就了茶马古道这条传播的路径。

松茂古道就是有着这种历史古韵的古道，这条山道自秦汉以来，尤其是唐代与吐蕃设"茶马互市"时，就是北接川甘青边区，南接川西平原的商旅通衢和军事要道。

自古以来，松茂古道就是沟通成都平原和川西少数民族地区经济、文化的重要走廊，是联结藏、羌、回、汉各族人民的纽带，在蜀地交通运输、经济文化史上留下了光辉的篇章。

松茂古道古称"冉駹山道"，李冰创建都江堰时，多得湔氏之力，因而凿通龙溪、娘子岭迳通冉的山道。后来，又经过了许多代人的努力，才形成这条松茂古道。

玉垒关又名"七盘关"，因属于松茂古道的第七关而得名。同时，他还是古代屏障川西平原的要隘，也是千余年来古堰旁的一处胜景。

玉垒关早在三国时期已作为城防，不过那时非常简陋，真正意义上的建关是在唐朝贞观年间。当时，唐朝与吐蕃之间一直处在战争与和平交替出现的局面。

■ 都江堰秦堰楼

吐蕃 7世纪至9世纪时古代藏族建立的政权，是一个位于青藏高原的古代王国，由松赞干布到达摩延续200多年，是西藏历史上创立的第一个政权。"吐蕃"一词，始见于唐代汉文史籍，"蕃"为古代藏族的自称。

■ 都江堰胜景

浩大的水利

玉垒关 又名"七盘关",玉垒关用条石和泥浆砌成,宽13.2米,高6.2米,深6.8米。关门联语十分精妙:"玉垒峙雄关,山色平分江左右;金川流远派,水光清绕岸东西。"它是古代川西平原的要隘,也是千余年来古堰旁的一处胜景,故称"川西锁钥"。

为此,唐朝便相继在川西和吐蕃接壤的通道上设置了关隘作为防御的屏障,玉垒关就是在此背景下于唐贞观年间修建的重要关隘。

玉垒关这道关口像是在成都平原与川西北高原之间加上的一把锁,被誉为"川西钥匙",为保证成都平原的和平稳定发展发挥了极大的作用。

玉垒关上与山接、下与江连,可谓一夫当关万夫莫开的易守难攻之地。

不过在和平时期,打开关口,人们仍可领略过去茶马互市集散地的繁荣景象。在玉垒关的关门上还有一副楹联:

玉垒峙雄关,山色平分江左右;
金川流远派,水光清绕岸东西。

这副楹联形象地描绘出了玉垒关的景色,极富诗情画意。

在玉垒关附近，还有一块马蹄形的空地，被称为"凤栖窝"，因传说曾经有凤凰在这里栖息而得此名。

凤栖窝是两关之间的古道上非常重要的地方，过去这里有许多民宅。

当时，由于西山少数民族要在民宅中休息，或选择此处作为他们安营扎寨的场地，而使这里在战争年代拥有非常重要的战略位置。

据载，李冰治水时，曾经在凤栖窝所正对的内江河床里埋有石马，以此作为每年清淘河床深度的标准。

安澜索桥又名"安澜桥"，始建于宋代以前，明代末期毁于战火。索桥以木排石墩承托，用粗如碗口的竹缆横飞江面，上铺木板为桥面，两旁以竹索为栏，全长约500米。

后来保存下来的桥，将竹改为钢，承托缆索的木桩桥墩改为混凝土桩。坐落于都江堰首鱼嘴上，飞架岷江南北，是古代四川西部与阿坝之间的商业要道，是藏、汉、羌族人民的联系纽带，被誉为我国古代的五大桥梁之一，也是都江堰最具特征的景观。

安澜索桥也被当地人们叫作"夫妻桥""何公何母

■ 二王庙寿字亭

浩大的水利

桥",关于这个名字的由来,还有一段传说:

岷江滔滔恶浪,没有修建索桥前,民谣有"走遍天下路,难过岷江渡"之说。在清代初期有一个姓何的教书先生,是当地出了名的爱管闲事的人。

有一次,何先生和他的妻子何夫人去游山玩水,到了岷江,看见了官船在摆渡人们,他们夫妇也想去对岸。二人过去一打听才知道,一人乘船10两银子,夫妻过河要20两银子。如此高的价格使夫妇俩高兴而来扫兴而归。

回到家里,何先生彻夜难眠,在想如何在两岸架一座桥,断了负责官船的那些官员们的财路。

何先生寝食难安地想了三天,仍然一筹莫展。在第三天夜里,何先生看见夫人在刺绣。他发现,那块布架在框子的上面,竟然不会掉下来。于是,他心想,我为什么不能在空中架一座索桥呢!

■ 都江堰河流

■ 都江堰安澜索桥

说干就干，经过一段时间的努力和奋斗，何先生终于架好了一座索桥。那些负责官船的官员们看见了，便千方百计挑何先生的毛病，想方设法要报复他。

当时，桥的两旁没有扶手，再加上桥不稳定，人很容易掉下去。最终，不幸的事情还是发生了，一个酒鬼喝醉酒过河时，不小心掉进河里淹死了。

于是，官员们抓住时机将何先生逮捕并处死。何夫人得知此事后悲痛欲绝，想投河，可想到丈夫不明不白便死了，她如果也死了，会对不起天上夫君的亡灵，所以她决心为夫君洗冤。

一天，何夫人漫步大街，看到一个人在玩杂耍。只见那人两手抓住两根立着的木棒，全身腾空。何夫人忽然想到如果在桥上装扶手，人们走在桥上就安全多了。

经过两天的努力，何夫人给桥装上了扶手。因

刺绣 又称丝绣，俗称"绣花"。是针线在织物上绣制的各种装饰图案的总称。它是用针和线把人的设计和制作添加在任何存在的织物上的一种艺术。刺绣是我国民间传统手工艺之一，在我国至少有两三千年历史。我国刺绣主要有苏绣、湘绣、蜀绣和粤绣四大门类。

■ 都江堰安澜索桥

此，人们便称安澜桥为"何公何母"桥。

斗犀台是传说李冰斗杀江神的地方。相传，以前岷江江神要娶两位年轻貌美的女子为妻，否则便要在都江堰一带暴发洪灾。

为了打败江神，李冰便扮作女子与江神结婚。到了江神的府邸，李冰厉声斥责江神的行为，激怒了江神，于是他们之间展开了一场战斗。

双方斗了许久不见胜负，江神化作犀牛与李冰展开搏斗，李冰也化作犀牛与之搏斗，到了斗犀台这个地方，李冰打败了江神，并杀了他。

后来，人们便把李冰打败江神的地方命名为"斗犀台"，以纪念李冰拯救大家的功绩。

斗犀台旁还有一座亭子，矗立在岩石之上，叫"浮云亭"。人们在此可以远望岷江中的望娘滩，俯视近在咫尺的离堆伏龙观和宝瓶口的景色。

杜甫游历到此处时，还曾留下了不朽诗句：

花近高楼伤客心，万方多难此登临。
锦江春色来天地，玉垒浮云变古今。
北极朝廷终不改，西山寇盗莫相侵。
可怜后主还祠庙，日暮聊为梁甫吟。

都江堰附近的古迹名胜还有许多处，这些古迹名胜和古老的都江堰水利工程一起，成为都江堰的胜景，千百年来，吸引了无数的人们前来观赏。

南桥位于宝瓶口下的内江咽喉，属于廊式古桥。此桥在宋代以前无考，元代为"凌云桥"，明代改为"绳桥"。1878年，当地县令陆葆德用丁宝桢大修都江堰结余的银两，设计施工，建成了木桥，取名"普济桥"。

后来，木制的普济桥毁于洪水，重建时增建了牌坊形桥门，仍为5孔，长45米，宽10米，并正式定名为"南桥"。

之后，又对南桥进行了改建。改建后的南桥桥头增建了桥亭、石阶、花圃，桥身雕梁画栋，桥廊增饰诗画匾联。

同时，南桥上还有各种彩绘，雕梁画栋十分耀眼。屋顶还有《海瑞罢官》《水漫金山》《孙悟空三打白骨精》等故事的彩塑，情态各异，栩栩如生。因此，南桥不仅保持了古桥风貌，而且建筑艺术十分考究。

城隍庙始建于清代乾隆年间，是一座封建世俗性很强的庙宇。庙

水利文化鼻祖

四川都江堰

都江堰远景

宇设计风格独特，依山取势，依坡形地势建筑，结构极为谨严奇巧，是富有道家哲学思想的道教古建筑。

这些独特的文化风韵形成了都江堰别具一格的"古堰拜水"，成为都江堰的一大特色。

千百年来，许多文人墨客以及历史名人都曾来到这里参观古堰。

这些历史人物的到来，给古堰留下了名人的踪迹，有些人还为都江堰留下了许多文学佳作。

除此之外，围绕都江堰的一些传说故事，有的在民间广为流传，有的还经过文人之手进行了文学加工。这些都成了都江堰文化的一部分，给千年古堰营造了浓厚的文化氛围。

阅读链接

都江堰最初的名字并不叫都江堰，这个名字的由来，历史上有一个演变过程。

秦蜀郡太守李冰建堰初期，都江堰名叫"湔堋"。这是因为都江堰旁的玉垒山在秦汉以前叫湔山，而那时都江堰周围的主要居住民族是氐羌人，他们把堰叫作"堋"，于是都江堰就有了"湔堋"之名。

三国蜀汉时期，都江堰地区设置都安县，因县得名，都江堰又称"都安堰"。同时，又叫"金堤"，这是为了突出鱼嘴分水堤的作用，用堤代堰而来的名称。

至唐代，都江堰改称为"楗尾堰"。直至宋代，在宋史中，才第一次提到都江堰。

从宋代开始，把整个都江堰水利系统工程概括起来，叫"都江堰"，才较为准确地代表了整个水利工程系统。此后，"都江堰"这个名字就被一直沿用了下来。